【日】稻田早苗 —— 著

张思捷 —— 译

我是"饭团"君

手把手教你做 55 款 爱心饭团

全国百佳图书出版单位

化学工业出版社

·北京·

本书作者稻田早苗是一位极具创作精神美食达人。这50余款爱心饭团皆是她别具匠心的得意之作，从传统的酸梅干饭团到充满童趣的微笑饭团，从极具日本特色的金枪鱼蛋黄酱饭团到充满异国情调的泰式罗勒肉碎饭团，不一而足，无论烤着吃、蒸着吃、热着吃、凉着吃，都别具风味。

本书从教您煮一锅松软可口的米饭开始，超详尽、全方位地展示了成功制作饭团的每个细节和关键点。书中还有启发您无限创意的小贴士，掌握了基本方法后，您还可以自由搭配食材，创造出属于自己的原创饭团！

小小的饭团，满载着浓浓的爱意，可作为早餐、下午茶、夜宵、便当，给爱人、给孩子、给闺蜜、给自己一份温暖而平实的小幸福。

## 图书在版编目（CIP）数据

我是饭团君：手把手教你做55款爱心饭团／［日］稻田早苗著；张思捷译．—北京：化学工业出版社，2016.8（2017.7重印）
书名原文：Simply onigiri: fun and creative recipes for Japanese rice ball
ISBN 978-7-122-27478-6

Ⅰ．①我…　Ⅱ．①稻…　②张…　Ⅲ．①大米-食谱　Ⅳ．①TS972.131

中国版本图书馆CIP数据核字（2016）第146785号

Simply onigiri:fun and creative recipes for Japanese rice balls, edition/by Sanae lnada
ISBN 978-981-4351-17-1

The simplified Chinese translation rights arranged through Rightol Media（本书中文简体版权经由锐拓传媒取得 Email: copyright@rightol.com）
北京市版权局著作权合同登记号：01-2016-0541

责任编辑：王丹娜　李　娜　　　　　　　　文字编辑：李锦侠
责任校对：程晓彤　　　　　　　　　　　　装帧设计：北京八度出版服务机构
封面设计：尹琳琳

出版发行：化学工业出版社（北京市东城区青年湖南街1 号　邮政编码100011）
印　　装：北京瑞禾彩色印刷有限公司
710mm×1000mm　1/16　印张9³/₄　字数180千字　2017年7月北京第1版第5次印刷

购书咨询：010-64518888（传真：010-64519686）　售后服务：010-64518899
网　　址：http://www.cip.com.cn
凡购买本书，如有缺损质量问题，本社销售中心负责调换。

定　　价：39.80元　　　　　　　　　　　　　　　版权所有　违者必究

# 献 词

　　我开朗和体贴的父母亲，感谢你们放手让我去做自己喜欢的事情，正是你们开明的教育造就了这个独立而富有创造性的女儿。

# 前言

　　有没有这么一种美味，简单易学，却让您难以在餐厅里寻觅其踪？这里要介绍的日式饭团就是其中的一员。饭团是日本的灵魂食品，从这个米饭球中，您可以领略到日本文化的风味和四季流转的意趣。它的馅料里通常会加入时鲜，一些品种也会体现出鲜明的地方特色。比如一种叫"天结"的饭团，这种饭团用的馅料是天妇罗虾，是名古屋市的特产，而另一种用午餐肉作食材的饭团，在它风靡列岛之前曾是冲绳县的地方名吃。

　　我希望这本书可以启发您创造属于自己的原创饭团，助您跨出日式料理之旅的第一步。本书列举的所有食材都能很方便地在您家附近的超市或网络商店中购买到，在保证轻松上手（那些食材种类较多的也不例外）的同时，让您可以足不出户享用最原汁原味的日本风味。您可以自由调配食材来适应自己的口味。每个人都会有自己的偏爱，所以您不妨把这本烹饪书介绍的料理方法当作指南和建议，但无论如何，为了做出美味的饭团，请一定要把下面三个基本要点牢记在心：

　　第一，要用纯正的短粒粳稻米；

　　第二，要用纯正的海盐；

　　第三，请在饭团中加入爱。

　　现在，让我们系上围裙，卷起袖子，洗净双手。

　　准备好了吗？

Sanae（稻田早苗）

# 目录
C O N T E N T S

## Part1

### 开始准备做饭团吧

## Part2

### 让我们往饭团里加馅料吧

# Part3

让我们往米饭里加料吧

# Part4

来装点我们的饭团吧

# Part5

一起来烤饭团吧

# Part6

来煮一锅特别的米饭做饭团吧

# part1
## 开始准备做饭团吧

# 什么是饭团？

饭团是一种米饭球，有多种形状，并且可以在里面塞进各种馅料。

　　饭团可以是每天的早餐，也可以是闲暇的茶点，还可以把它们装进便当盒，在郊游时拿来野餐。这么看来，饭团有点像是日本自己的三明治或康沃尔肉馅饼。每个日本人都有自己偏爱的饭团，日本各地也都有各具特色的饭团。我最爱的是母亲亲手做的梅干饭团和鳕籽（盐渍鳕鱼籽）饭团。

　　几个世纪以来，饭团一直在日本人的家常食谱中占有一席之地。日本人相信这个朴素的米饭球可以映射出饭团制作者身处的时代、地域、家庭情况以及料理哲学，而且这一切都会传达给那些品尝饭团的人。

传统做法，捏饭团必须赤手，并且把饭团捏成型时必须趁热。即便自己的手被高温的米饭烫得通红，也不能叫苦！这听起来似乎很滑稽，但做出美味饭团的关键正在于此。捏白米饭时先要把手打湿，从手掌至指尖均匀地撒上一层薄薄的细盐末，当烫手的米饭被抓在手中时，盐分便会伴随水分一起蒸发，形成一层薄薄的盐膜覆盖在米饭球的表面。这层盐膜可以有效地隔绝饭团内外的水分和空气，同时也能防止微生物滋生繁殖。这也就解释了为什么你可以在炎热的夏天带着饭团到处跑而不用担心米饭会馊掉。同时盐膜也能够让饭团保持水分——即便饭团已经凉了。于是哪怕饭团做好之后数小时才被食用，你依旧可以享受米饭和馅料的美味口感。

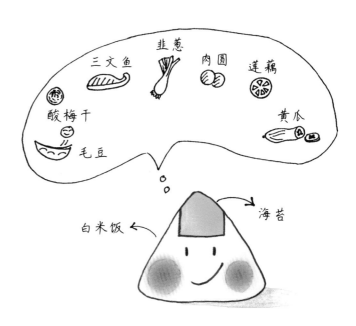

**正式开始之前，先看这里：**

» 没有特别说明的情况下，本书中绝大部分饭团的标准重量默认为120克，您可以根据自己的喜好自由地调节饭团的大小。

» 您可以根据自己的喜好调节佐料的配方和比例。

» 配方中的食材搭配比例遵从简单易做的原则。比如400毫升洗净的米可以做出4个以上的饭团，您可以把多余的米饭存起来以备后用。

» 本书中所使用的日本调料在各大超市和网络商店均有出售。

» 包裹饭团时请使用耐热的保鲜膜。如果制作完成之后不打算立即食用，请将饭团放至自然冷却之后再用保鲜膜包裹，存放在阴凉干燥的地方。

**使用以下食材时要注意：**

» 米：短粒粳稻米是制作饭团的不二之选。

» 盐：请使用海盐。相比精盐，海盐的营养更丰富，口感也更柔和，与米饭的味道相得益彰。

» 料酒：我选择专用的日本料酒，您也可以用普通日本酒作为料酒，但请务必选择口味清淡的。白葡萄酒也是不错的备选。

» 芝麻：各大超市都可以买到烘烤熟的白芝麻和黑芝麻，您也可以自行购入生芝麻，将其放入不粘锅后开低火，简单翻炒至熟。

» 鲣鱼片：大多数日本产鲣鱼片使用的是3克装和5克装小包。

» 糖：本书中我使用未精制的蔗糖，因为它的口味最自然。

» 海苔：日本出售的海苔片尺寸统一为21厘米×19厘米，而包裹饭团时需要的尺寸仅是上述标准尺寸的$\frac{1}{8}$或$\frac{1}{3}$，所以您得自己动手把海苔片裁成适当的尺寸。此外，尽管不是很明显，海苔片的正面一般比较光滑。

米 ↘    洗净的米 ↘    米饭 ↘

# 让我们煮一锅松软可口的米饭

　　煮饭的方法有很多种，而这里要向您介绍的是典型的日式煮饭法。只要能在技巧上下一些功夫，您就会惊喜地发现，出锅的米饭颗粒晶莹剔透、圆润饱满，并且口感格外甘甜！作为一种和干豆、菜干、海苔一样的干粮，米在存放和做料理时有不少讲究。为了让您煮出可口诱人的米饭，这里专门准备了几点小小的建议。

» 在淘米之前先仔细地检查是否混有坏掉的米粒。这很重要，因为哪怕仅仅只是几粒变质的米都能影响周围一大片米饭的观感和口味。在把米舀进锅或电饭煲的同时不要忘了做一个快速的筛选，发现并挑拣出那些已经变色的米粒。

» 淘米的时候动作要轻。只需用手均匀搅拌即可，如果用力过猛，米粒就可能因过度挤压而碎裂，这会导致米粒无法均匀吸收水分。

» 淘米时请把米盛放在大碗中，加入足量的水，直至没过顶部，然后用手搅拌水和米数次，把水倒掉。

» 去水之后，接着用画圈的方式均匀地搅拌湿米10次，以便让米粒充分吸收水分。

» 重复上述过程5次，直到淘米水变清。

» 把淘洗完毕的米放在滤器中，盖上湿布，放置大约30分钟。在放置过程中米会吸收水分并膨胀，您会看到米粒的颜色在淘米的前后发生了明显的变化。吸饱水的米粒体积大约会膨胀20%～30%。

» 用电饭煲煮饭，准备好等量的米和水，将其放入电饭煲并遵从操作指南进行烹煮。

» 如果您使用的是沙煲或铁锅，所需准备的米和水的比例则需变更为1∶1.5。在使用沙煲和铁锅煮饭时，先将洗净的米和水倒入锅中，盖上盖子，开中火煮至沸腾之后调低火力，温火炖15分钟。之后熄火并在合盖状态下放置10分钟。揭开盖子，用饭勺将煮好的米饭翻松，在上面盖上一层湿布，再次合上锅盖，等待使用。

» 如果您觉得米饭不是很新鲜，可以在上面撒少量盐，或者铺上几片干海带，也可以在每400克米饭里掺入1小匙清酒。这些方法可以有效改善米饭的口感。

# 制作一个最简单的饭团

第一步

第二步

第三步

第四步

## 制作量

首先让我们尝试一下最简单的饭团，调料只放盐，好让您体验一下纯粹米饭的味道。本书中每个标准饭团使用的米饭重量为120克，小饭团为60克。但这只是建议用量，您可以根据自己的喜好调节饭团的大小。

### 原料

| 米饭 | 480克 |
| 水 | 2大匙 |
| 盐 | 1小匙 |

### 做法

1 用勺子盛一份米饭到碗里。这个过程当中米饭会稍稍凉凉一点，这样您就可以不用担心抓米饭时烫着手。打湿手，并在手掌至指尖处均匀撒上一层细盐。

2 把米饭放在手上。

3 双手合拢轻轻挤压2～3次，让米饭变成球状或三角形。

4 若有必要，调整一下饭团的形状。

**Tips**

捏饭团的诀窍在于按两三下即可。按得过多过重会导致饭团的质地过硬；太轻则会导致食用时散架。相信只要勤加练习，您会轻松掌握用力的火候。

抓热米饭时要小心，如果感觉还是太烫，放在手上之前可以先试着在碗中把米饭翻转几下。最好使用新鲜的刚出锅的米饭，因为它的黏性更好，更容易捏成型。

# part2
# 让我们往饭团里加馅料吧

# 酸梅干饭团、鲣节饭团和三文鱼饭团

Tips

市面上有很多种类的海苔出售。制作饭团时，要使用新鲜的海苔。由于海苔暴露在潮湿空气中很快就会变得松软，所以必须保存在真空容器或冰箱里。一个让海苔恢复新鲜状态的简单方法就是把它放到靠近明火的地方，直至颜色转为墨绿，并开始散发出香气，几秒钟即可。

制作量

这三种饭团在日本非常受欢迎，它们可以被称为日本的爽心食品。在一部我很喜欢的电影《海鸥食堂》里有这么一幕，一位准备晚餐的姑娘主张只有这三种饭团才是正统饭团，真是强烈赞同，因为这三种食材佐配的饭团简直是百吃不厌！您可以很容易地在遍布日本的超市、便利店里面买到酸梅干、鲣鱼片和三文鱼饭团。梅干被认为是一种超级食材，它具有很强的杀菌效果，被认为对健康有诸多益处。此外，它也能防止米饭变质。本书第94页会对酸梅干的功效进行详述。

## 原料

### 酸梅干饭团

| | |
|---|---|
| 米饭 | 240克 |
| 去核酸梅干 | 2个 |
| 盐 | 1/2小匙 |
| 海苔 | 2片 |

### 鲣节饭团

| | |
|---|---|
| 鲣鱼片 | 3克 |
| 米饭 | 240克 |
| 日本酱油 | 2小匙 |
| 盐 | 1/2小匙 |
| 海苔 | 2片 |

### 三文鱼饭团

| | |
|---|---|
| 三文鱼片 | 1片（70~80克） |
| 米饭 | 240克 |
| 盐 | 1小匙 |
| 海苔 | 2片 |

## 做法

1 制作梅干饭团。用勺子往碗里盛一半米饭，在米饭正中位置用手指插一个2厘米左右的小孔，放1个酸梅干进去。
2 捏饭团，打湿手并在手掌至指尖处均匀撒上一层细盐。
3 把米饭放在手上，轻轻挤压2~3次，形成中意的形状，确保酸梅干完全被米饭裹住。
4 根据需要用海苔包起。
5 利用剩下的食材继续做饭团。

1 制作鲣节饭团。把鲣鱼片和酱油倒进碗里拌匀。
2 用勺子盛半碗米饭。在米饭正中位置用手指插一个2厘米左右的小孔，在其中加入一点日本酱油和鲣鱼片的混合物。
3 参照前述的方法继续捏饭团。

1 制作三文鱼饭团。新鲜的三文鱼加盐，放进锅里两面煎烤2分钟左右。
2 将三文鱼从锅里取出，去掉鱼皮和鱼骨。
3 把三文鱼片放回锅里开低火煎烤，取出。
4 用筷子把鱼肉顺着纹理捣碎，撒上少量细盐，放置冷却。
5 用勺子盛半碗米饭。在米饭正中位置用手指插一个2厘米左右的小孔，在其中加入一点三文鱼肉。
6 参照前述的方法继续捏饭团。

鳕籽饭团

## 制作量

鳕籽就是腌鳕鱼籽。它可以生吃，也可以煎烤或煮熟之后食用。由于鳕籽的保质期很短，购入之后如果不立即食用就得尽快将其放进冰箱冷藏。有些人喜欢煎烤到十分熟的腌鳕鱼籽，不过我更偏爱半熟的。

除了作为饭团的馅料，我还喜欢把鳕籽掺进意面，或者把它混进土豆泥里。它那种咸中带甜的味道和接触舌尖时的质感实在是独特而又可口！这是我儿时以来的最爱。每当母亲做这种饭团时，她总会加进大勺的鳕籽。但也正因为如此，相比最爱的妈妈的手艺，其他的鳕籽饭团总让我觉得索然无味。

## 原料

| | |
|---|---|
| 米饭 | 480克 |
| 腌鳕鱼籽 | 100克 |
| 盐 | 1小匙 |
| 海苔 | 4片 |

## 做法

1 把腌鳕鱼籽放在铝箔纸上，放进烤炉烤2分钟，或者也可以放进沸水里过1分钟立即取出。然后分成4等份。

2 用勺子往碗里盛一半米饭，在米饭正中位置用手指插一个2厘米左右的小孔，放入鳕籽。

3 捏饭团，打湿手并在手掌至指尖处均匀撒上一层细盐。

4 把米饭放在手上，轻轻挤压2~3次，形成中意的形状，确保馅料完全被米饭裹住。

5 根据需要用海苔片包起。

6 利用剩下的食材继续做饭团。

肉圆饭团

## 制作量

曾经整整六年，每一天的午餐盒都是母亲亲手为我准备的！我最爱的馅料是肉圆，它总是让我的午餐盒显得与众不同。为了让它的口感更加出众，我专门在这种饭团的馅料里添加了卷心菜。您可以做一大盆肉圆，把它们冷冻起来，待到下一次再拿出来享用！

## 原料

| | | | | | | |
|---|---|---|---|---|---|---|
| 米饭 | 400克 | 肉末（牛肉和 | | 酱汁 | | |
| 卷心菜（切丝） | ⅛棵 | 猪肉1：1） | 150克 | 水 | 50毫升 | |
| 盐 | 1小匙 | 鸡蛋 | 半个 | 红酒 | 50毫升 | |
| 海苔 | 4片 | 面包屑 | 1小匙 | 番茄酱 | 1大匙 | |
| | | 白胡椒粉 | 1小撮 | 米醋 | 1大匙 | |
| 肉圆 | | 牛奶 | 1小匙 | 日本酱油 | 1小匙 | |
| 洋葱 | ½个 | 太白粉 | 1小匙 | 辣酱油 | 1大匙 | |
| 胡萝卜 | 20克 | 植物油 | 2大匙 | 糖 | 2小匙 | |
| 迷迭香叶 | 6片 | 盐 | 1小撮 | | | |

## 做法

1 准备肉圆。把洋葱、胡萝卜、迷迭香叶、肉末、鸡蛋、面包粉、盐、白胡椒粉和牛奶放进食品调理机中打碎混合。如果没有食品调理机，那就把洋葱、胡萝卜和迷迭香叶切成碎末后倒入盛有肉、面包屑、牛奶、盐、白胡椒粉和鸡蛋的碗里，用手搅拌混合，直到混合物发黏为止。

2 将混合物揉成直径2厘米左右的球形，并在上面撒上番茄酱。

3 准备酱汁。将水、红酒、糖、番茄酱、米醋、日本酱油和辣酱油倒入一口小锅里混合，开中火煮炖。

4 将肉圆涂抹上一层酱汁，放到一边。

5 做饭团。用勺子往碗里盛¼碗的米饭，在米饭正中位置用手指插一个2厘米左右的小孔，加入卷心菜和肉圆。

6 打湿手并在手掌至指尖处均匀撒上一层盐。

7 把米饭放在手上，轻轻挤压2~3次，形成中意的形状，确保馅料完全被米饭裹住。

8 根据需要用海苔片包起。

9 利用剩下的食材继续做饭团。

炸猪排饭团

## 制作量

这种饭团量很足，哪怕使用少量的米饭也能轻易填饱您的胃，这让它可以很好地胜任一顿丰盛的午餐。如果您手上恰好有一块上顿吃剩的炸猪排，可以考虑直接拿它来做饭团，效果会很不错哦。您还可以直接使用从超市购买的猪排酱来节省一些准备食材的时间。

### 原料

| | |
|---|---|
| 米饭 | 160克 |
| 海苔 | 4片 |
| 卷心菜（切丝） | 1/8棵 |
| 烤白芝麻（捣成粉末） | 适量 |

**炸猪排**

| | |
|---|---|
| 瘦猪肉 | 100克 |
| 中筋面粉 | 4大匙 |
| 鸡蛋（打散） | 1个 |
| 面包屑 | 5大匙 |
| 植物油 | 适量 |
| 炸猪排酱 | 3大匙 |

### 做法

1 先准备炸猪排。将瘦猪肉拍扁拍平，切成2厘米×5厘米的长条形，然后依次涂抹上中筋面粉、鸡蛋和面包屑。

2 热好油，放入猪排煎炸，直至呈现金黄色。把猪排从锅里取出，并用厨房纸滤去多余的油分。

3 给炸好的猪排涂抹上炸猪排酱，然后放置在一边。

4 做饭团。盛40克米饭放在海苔片上，将米饭均匀地平摊开。

5 往米饭上撒上一小撮卷心菜后，往上面放一小块炸猪排。

6 将海苔片连同米饭卷成圆锥形，在里面撒上一些烤白芝麻。

7 利用剩下的食材继续做饭团。

炸鸡块饭团

制作量

炸鸡块是日式便当料理中的常客。我的母亲在为炸鸡块配料时总是会加入大量的生姜。您也可以尝试往面糊里加进一小撮咖喱粉、杏仁粉或者杏仁片来调制出别具特色的美味。冷冻的炸鸡块在各大超市都很常见，不过我还是建议您亲手制作炸鸡块，毕竟它制作起来实在是简单易上手。

## 原料

| | |
|---|---|
| 米饭 | 400克 |
| 盐 | 1小匙 |
| 海苔 | 4片 |

**炸鸡块**

| | |
|---|---|
| 鸡腿肉（切小块） | 150克 |
| 日本酱油 | 1大匙 |
| 日本酒 | 1大匙 |
| 味淋 | 1小匙 |
| 生姜（去皮切碎） | 1小块 |
| 土豆淀粉 | 3大匙 |
| 黑胡椒粉 | 1小撮 |
| 植物油 | 适量 |

## 做法

1 准备炸鸡块。先将日本酱油、日本酒、味淋和生姜放到小碗中混合拌匀。

2 在上面准备的酱汁中放入鸡腿肉，浸泡20～30分钟。

3 将土豆淀粉和黑胡椒粉装入可重复封装的包装袋中，封口后挥动几下，使其充分混合。

4 把浸泡好的鸡腿肉放到包装袋中，封口后挥动，让鸡腿肉外表沾满混合粉末。

5 取出鸡腿肉，抖掉多余的土豆粉。

6 热好油，放入鸡腿肉煎炸，直至呈现金黄色。

7 把鸡腿肉从锅里取出，并用厨房纸滤去多余的油分，然后放在一边冷却。

8 做饭团。用勺子往碗里盛$\frac{1}{4}$碗的米饭，在米饭正中位置用手指插一个2厘米左右的小孔，加入唐扬鸡块。

9 打湿手并在手掌至指尖处均匀撒上一层盐。

10 把米饭放在手上，轻轻挤压2～3次，形成中意的形状，确保馅料完全被米饭裹住。

11 根据需要用海苔片包起。

12 利用剩下的食材继续做饭团。

Tips

煎炸鸡块之前先去掉所有脂肪组织。凉凉的炸鸡块口味也很不错哦。

# 金枪鱼蛋黄酱饭团

# 制作量

金枪鱼蛋黄酱饭团是一种在日本便利店和超市柜台中很常见的饭团。如果您喜欢山葵，可以试试往酱里掺入一些，清爽的山葵配上金枪鱼蛋黄酱，味道真的很棒。

## 原料

| | |
|---|---|
| 米饭 | 480克 |
| 罐装金枪鱼 | 4大匙 |
| 蛋黄酱 | ½大匙 |
| 柠檬汁 | 1小匙 |
| 山葵 | 适量 |
| 盐 | 1小匙 |
| 海苔 | 4片 |

## 做法

1 将金枪鱼、蛋黄酱和柠檬汁倒入碗中拌匀，根据个人喜好还可以往里面加一些山葵。

2 做饭团。用勺子往碗里盛¼碗的米饭，在米饭正中位置用手指插一个2厘米左右的小孔，加入金枪鱼蛋黄酱。

3 打湿手并在手掌至指尖处均匀撒上一层盐。

4 把米饭放在手上，轻轻挤压2~3次，形成中意的形状，确保馅料完全被米饭裹住。然后根据需要用海苔片包起。

5 利用剩下的食材继续做饭团。

Tips

本书中我使用的是日本蛋黄酱，相比欧美的蛋黄酱，它的成分当中醋的含量较多，并且味道不那么甜。就我自己的口味而言，这种蛋黄酱和酱油、山葵等日本调味料搭配效果更好一些。

海苔山葵饭团

## 制作量

　　我喜欢吃海苔，所以总是会在冰箱中保存一些。只是当暴露在潮湿的空气中时，海苔很容易蔫掉。所以每当海苔变潮时，我就会把它做成海苔糊，也就是日语里的佃煮，它可以在冰箱中保存两个星期。

　　佃煮是一种统称，多被用来称呼那些用酱油、糖和味淋煮炖出来的海藻、海鲜以及肉类料理。它的名字来源于东京的佃岛，早在江户时代（1603～1868年）佃岛就已经开始生产佃煮了。这种海苔佃煮不仅很下饭，而且搭配吐司来吃也很不错哦！

### 原料

| | |
|---|---|
| 米饭 | 480克 |
| 山葵 | 1/3小匙 |
| 盐 | 1小匙 |
| 海苔 | 4片 |

**海苔糊**

| | |
|---|---|
| 海苔 | 5片 |
| 水 | 200毫升 |
| 鲣鱼片 | 5克 |
| 糖 | 1/2大匙 |
| 味淋 | 1/8大匙 |
| 日本酒 | 1小匙 |
| 日本酱油 | 1 1/2大匙 |

### 做法

1 做海苔糊。在平底锅中加入水和海苔，开中火煮沸，随后放入鲣鱼片，等到水分几乎完全蒸发时，加入糖、味淋、日本酒和日本酱油并继续煮炖，直至混合物变得黏稠，其间可以偶尔搅拌几次，以使其混合得更均匀。

2 将海苔糊倒进碗中冷却。

3 在4大匙冷却的海苔糊中加入山葵并拌匀。可以先试尝一下，然后视口味决定是否加量。

4 做饭团。用勺子往碗里盛1/4碗的米饭，在米饭正中位置用手指插一个2厘米左右的小孔，加入1小匙海苔糊。

5 打湿手并在手掌至指尖处均匀撒上一层细盐。

6 把米饭放在手上，轻轻挤压2～3次，形成中意的形状，确保馅料完全被米饭裹住。

7 根据需要用海苔片包起。

8 利用剩下的食材继续做饭团。

**Tips**

　　要制作如图所示的开口式饭团，将米饭捏成必要的形状之后在正中用手指戳出一个浅坑，往里面加入一大匙海苔糊。最后根据需要在饭团周围包上一圈海苔即可。

三文鱼山葵饭团

# 制作量

在日本家常菜中，三文鱼或许可以被认为是最万能的馅料。你可以用它做饭团，也可以将它和鸡蛋一起混进土豆沙拉，用作三明治的馅料，不一而足。这种饭团和蛋黄酱、山葵很搭配，当然如果您对山葵过敏也可以选择不加。其他馅料的备选方案包括三文鱼片拌鳄梨、蛋黄酱或酱油，以及七香料（日文名七味唐辛子）。

## 原料

| | | | |
|---|---|---|---|
| 米饭 | 480克 | 蛋黄酱 | 1小匙 |
| 三文鱼 | 1片（70~80克） | 山葵 | ¹⁄₃小匙 |
| 盐 | 1小匙 | 海苔 | 4片 |

## 做法

1 三文鱼加盐，放进锅里两面煎烤2分钟左右。

2 将三文鱼从锅里取出，去掉鱼皮和鱼骨。

3 把三文鱼片放回锅里开低火煎烤，关火。

4 用筷子把鱼肉顺着纹理捣碎，撒上少量盐，放置冷却。

5 在4大匙三文鱼片中混入蛋黄酱和山葵，搅拌均匀。可以根据口味调整山葵和盐的用量。

6 做饭团。用勺子往碗里盛¹⁄₄碗的米饭，在米饭正中位置用手指戳一个2厘米左右的小孔，加入2~3小匙三文鱼混合物。

7 打湿手并在手掌至指尖处均匀撒上一层细盐。

8 把米饭放在手上，轻轻挤压2~3次，形成中意的形状，确保馅料完全被米饭裹住。

9 四面用海苔片包起，并在顶端点上少许山葵。

10 利用剩下的食材继续做饭团。

**Tips**

要制作如图所示的开口式饭团，将米饭捏成想要的形状之后在正中用手指戳出一个浅坑，往里面加2小匙三文鱼混合物，在饭团周围包上一圈海苔并根据需要在顶端点上少许山葵即可。

长葱味噌饭团

## 制作量

这种饭团中使用的馅料——日本长葱味噌糊，在多种料理中被广泛地使用着。它可以被事先准备好后放置在冰箱中保存1周时间。您可以用这种糊下饭，可以把它用作油炸豆腐（日文名油扬）的浇头，也可以作为蔬菜的调味酱，甚至可以把它和蔬菜肉类混在一起干烧。

在这次的食谱中我还特意加入了大量生姜。由于姜皮香醇并富含营养，这次我打算用不去皮的生姜。如果有条件，我还建议您使用有机生姜。它在培植过程中没有使用杀虫剂和化肥，表皮可以安心食用。

### 原料

| | |
|---|---|
| 米饭 | 480克 |
| 烤白芝麻 | 1大匙 |
| 盐 | 1小匙 |

**长葱味噌糊**

| | |
|---|---|
| 植物油 | 适量 |
| 长葱（1根切碎） | 约80克 |
| 生姜（切碎） | 1小块 |
| 味噌糊 | 2大匙 |
| 日本酱油 | $1/2$小匙 |
| 味淋 | 1大匙 |
| 七香料 | 少量 |
| 鲣鱼片 | 1大匙 |

### 做法

1 做长葱味噌糊。热一锅油，放入长葱和生姜翻炒香。

2 加入味噌糊、日本酱油和味淋，继续煮炖2分钟。

3 熄火，加入七香料和鲣鱼片并拌匀。放置一边。

4 准备一个碗，放入米饭和烤白芝麻并搅拌混合。

5 做饭团。用勺子往碗里盛$1/4$碗的芝麻米饭，在米饭正中位置用手指戳一个2厘米左右的小孔，加入1小匙长葱味噌糊。

6 打湿手并在手掌至指尖处均匀撒上一层盐。

7 把米饭放在手上，用双手轻轻挤压2～3次，形成中意的形状。

8 利用剩下的食材继续做饭团。

### Tips

要制作如图所示的开口式饭团，将米饭捏成想要的形状之后在正中用手指戳出一个浅坑，往里面加入1大匙长葱味噌糊，在饭团周围包上一圈海苔即可。

酸梅干泡菜饭团

# 制作量

酸梅干是一种健康碱性食品，也是最具日本特色的馅料之一。下面的食谱会将两种特别刺激的味道——辣味和酸味组合到一起。腌梅子的酸味和泡菜的辣味相互平衡，完美地统一在这个饭团之中。

## 原料

| | |
|---|---|
| 米饭 | 480克 |
| 去核酸梅干 | 4个 |
| 泡菜（捣碎） | 60克 |
| 盐 | 1小匙 |
| 烤白芝麻 | 1小匙 |

## 做法

1. 用小刀将酸梅干切成碎末，以便掺入糊状物。放置一边。
2. 用手挤压泡菜使其脱水。
3. 将酸梅干和泡菜放入小碗中拌匀。
4. 用勺子往碗里盛$\frac{1}{4}$碗的米饭，在米饭正中位置用手指戳一个2厘米左右的小孔，加入$\frac{1}{4}$的酸梅干和泡菜的混合物。
5. 打湿手并在手掌至指尖处均匀撒上一层盐。
6. 把米饭放在手上，用双手轻轻挤压2~3次，形成中意的形状。
7. 往盘子里撒上一层烤白芝麻，放上饭团翻滚一周，让饭团的表面沾满芝麻。
8. 利用剩下的食材继续做饭团。

**Tips**

泡菜是一种发酵菜肴，产自韩国。泡菜富含植物纤维、维生素、乳酸以及益生菌。正因为是发酵食品，所以您需要将它放在冰箱内冷藏，并注意不时地打开冰箱门，以免发酵产生的气体聚积。

要制作如图所示的开口式饭团，捏好米饭后滚一圈芝麻，在顶端放上一些酸梅干泡菜混合物即可。

## 制作量

绝大多数日本家庭都能煮出一锅让他们倍感自豪的特制红烧肉。关于红烧肉的烹饪方法，可以说家家都有一本自己的经。要想做出柔软怡口、入口即化的红烧肉，可需要下点功夫哦！

### 原料

| | | | |
|---|---|---|---|
| 米饭 | 400克 | **红烧肉** | |
| 英式芥末 | 1小匙 | 猪肉块 | 200克 |
| 盐 | 1小匙 | 植物油 | 2大匙 |
| 海苔 | 4片 | 水 | 250毫升 |
| 白萝卜芽（用作配菜） | 适量 | 糖 | 1大匙 |
| | | 日本酱油 | 100毫升 |
| | | 日本酒 | 50毫升 |
| | | 生姜（去皮切碎） | 1大块 |

### 做法

1 做红烧肉。在锅里热好油，并放入猪肉块，煎炸至略显棕黄色。

2 加水并煮至沸腾，其间注意用漏勺撇去浮在水面的杂质。

3 加入糖、日本酱油、日本酒和生姜。

4 加盖，温火炖30分钟，熄火。

5 做饭团。用勺子往碗里盛$\frac{1}{4}$碗的米饭，在米饭正中位置用手指戳一个2厘米左右的小孔，加入1~2块红烧肉。

6 舀$\frac{1}{4}$小匙英式芥末，点在红烧肉的顶端。

7 打湿手并在手掌至指尖处均匀撒上一层盐。

8 把米饭放在手上，轻轻挤压2~3次，形成中意的形状，确保馅料完全被米饭裹住。

9 四面用海苔片包起，并配上白萝卜芽。

10 利用剩下的食材继续做饭团。

Tips

如果要给红烧肉加量，好满足一顿午餐或晚餐的需求，您可以加一个白煮蛋，只要把白煮蛋去壳后整个儿放在肉汤里炖上一会儿就行了。

石锅饭团

# 制作量 🍙🍙🍙🍙

石锅是一种使用大量蔬菜和辣酱烹调而成的韩式料理。每当我精疲力竭的时候就会对它产生强烈的食欲，那满溢而出的芝麻油的香气实在是太诱人了！请放手往其中添加中意的蔬菜，创造出属于您自己风格的石锅饭团吧。

## 原料

| | |
|---|---|
| 米饭 | 480克 |
| 盐 | 1小匙 |
| 芝麻油 | 少量 |
| 烤白芝麻 | 4大匙 |
| 海苔 | 4片 |

**石锅**

| | |
|---|---|
| 豆芽（去掉根部） | 60克 |
| 胡萝卜（切丝） | 30克 |
| 韭菜（切段） | 40克 |
| 植物油 | 2小匙 |
| 牛肉末 | 200克 |
| 日本酱油 | 4大匙 |
| 糖 | 2大匙 |
| 苹果泥或苹果汁 | 2大匙 |
| 葱末 | $1/2$小匙 |

**调味料**

| | |
|---|---|
| 葱末 | $1/2$小匙 |
| 鸡精 | $1/2$小匙 |
| 盐 | 1小匙 |
| 黑胡椒粉 | 适量 |
| 芝麻油 | 2大匙 |

## 做法

1 做石锅。将豆芽、胡萝卜和韭菜放到耐热盘上，放到微波炉里开高火转5分钟，直到变软。

2 从微波炉中取出，并用手挤出蔬菜中的水分。

3 将调味用的馅料混合在小碗中拌匀，浇到蔬菜上搅拌。放置一边。

4 热好油并将牛肉末放入锅中煸炒至变色。

5 加入日本酱油、糖、苹果泥或苹果汁以及葱末，搅拌均匀，熄火后取出，并放到一边。

6 做饭团，打湿手并在手掌至指尖处均匀撒上一层盐。

7 取$1/8$份米饭放在手上，轻轻挤压2~3次，形成圆饼形状。您也可以用饼干模具，以便做出更规整的形状。

8 重复上述步骤，做出8片米饼。

9 将1大匙蔬菜和1大匙肉末放到米饼上，盖上另一片米饼。

10 往米饼表面刷上芝麻油，滚上一层烤白芝麻，用海苔包上。

11 用剩下的馅料重复上述步骤。

12 将调味料混合，用饭团蘸着食用。

# 关于饭团的一段小历史

饭团的历史可以追溯到弥生时代（BC300～AD300）。

    上述认知源于某个考古遗址中发现的一块碳化米饭，此后这块米饭被称为日本最早的饭团。最初的饭团使用糯米制作（日语称之为饼），不过进入镰仓时代（1192～1333年）末期以后，日本短粒粳米开始取代糯米成为饭团的主要原料。而使用海苔片包裹饭团的习俗则等到江户时代（1603～1867年）才最终出现。

    日本盛产各种地方特色鲜明的饭团，并且人们对这些饭团的称呼也不尽相同。比如"御握"这个称呼源自于日语中的"握"，相当于中文里的"抓"；而另一个称呼"御结"的"结"则有捆扎、包扎的含义；此外还有一种"握饭"的叫法，也就是手抓饭或手抓食品的意思。总的来说，无论是"御握"也好"御结"也罢，都是在日本国内外被广为接受的称呼，混用也不会产生任何误会。饭团还拥有各种迥异的形状，比如三角形、球形、圆柱形和四方形。

    关于饭团，日本还流传着很多有趣的小传说。其中我最喜欢的一个故事叫"御结kororin"。（"kororin"是日语中打滚的拟声词，类似于中文里的"咕噜噜"——译者注。）

故事发生在很久以前，有一对年迈的农民老爷爷和老奶奶。有一天，老爷爷像往常一样在山里砍树。到了午饭时间，他找了一棵木桩坐下，准备享用老奶奶准备的午饭。当揭开包裹饭团的竹叶时，一个饭团掉到了地上，并沿着地势滚下了山。老爷爷追着饭团使劲跑啊跑，但谁知饭团掉进了一个小洞里。这时，他听到地底传来欢快的歌声："御结kororin，噗通通！"老爷爷大吃一惊，又拿出一个饭团丢到洞里。再一次，他听到了"御结kororin，噗通通！"他接着往洞里丢下一个又一个饭团，不断听到好听的歌声，最后他自己也跳进了洞里。

　　在洞中，老爷爷看到了一窝老鼠在举行派对。老鼠们感谢老爷爷的美味饭团，作为谢礼它们拿给老爷爷一个大盒子和一个小盒子让他挑选。老爷爷选了小盒子，对老鼠们道谢后就回到了家中。见到老奶奶后，老两口一起打开了小盒子，让他们喜出望外的是，里面装满了钱和财宝。

　　一个邻居听到了这个故事，也带着饭团上了山。他往小洞里扔进一个饭团，然后俯下身子，听是否有歌声。当欢快的歌声响起时，他跳进了小洞索要谢礼。老鼠们同样给了他一个大盒子和一个小盒子让他挑选，贪婪的邻居一把抓起两个盒子拔腿就跑。但很快老鼠追上并咬伤了他，最终这个邻居带着一身咬痕，两手空空地回了家。

part3
让我们往米饭里加料吧

# 鲣鱼片和奶酪饭团

制作量

鲣鱼片配奶酪？尽管听起来很奇怪，但是这个组合其实味道非常不错。这种一口大小的饭团可以被当作下酒的小点。如果您偏好熔化的奶酪，就请在饭团制作完之后尽快趁热食用。如果喜欢山葵味，也可以在配料里掺上一些。

原料

| | |
|---|---|
| 米饭 | 480克 |
| 鲣鱼片 | 3克 |
| 日本酱油 | 2大匙 |
| 意大利干酪 | 120克 |
| 烤白芝麻 | 2大匙 |
| 山葵 | 适量 |

做法

1 将所有食材放入碗中，拌匀。

2 在碗里面铺上一层保鲜膜。盛入 $1/8$ 的混合米饭，用保鲜膜包住米饭并一起取出，捏成中意的形状。

3 利用剩下的食材重复上述步骤。

**制作量**

作为一种海藻类食物，裙带菜富含钙质和各种矿物质元素。大多数超市常年有干燥的裙带菜出售。但不知为何我就爱吃夏天的裙带菜饭团，这大概是由于它散发出来的海潮香和夏天的气息有些相仿的缘故吧。

**原料**

| | |
|---|---|
| 米饭 | 480克 |
| 干燥的裙带菜 | 6大匙 |
| 烤白芝麻 | 2大匙 |
| 盐 | 适量 |
| 海苔 | 4片 |

**做法**

1　将干燥的裙带菜放入可重复封装的包装袋中，用擀面杖或双手将其碾压成碎末状。

2　将裙带菜碎末和米饭放在一个碗中混合，充分搅拌后用湿布盖起，放置一边。

3　在米饭中加入烤白芝麻，充分搅拌后取一小部分试尝，如果觉得不够咸，可以根据喜好加盐。

4　往碗里铺上一层保鲜膜。舀入$1/8$的混合米饭，用保鲜膜包住米饭并一起取出，捏成中意的形状。

5　撕下保鲜膜，根据需要将饭团用海带片包起。

6　利用剩下的食材重复上述步骤。

制作裙带菜饭团时，还可以考虑在掺有裙带菜的混合米饭中加入鲣鱼片和酸梅干碎末等食材。

牛蒡饭团

## 制作量 🍙🍙🍙🍙

牛蒡富含纤维质。因为能很好地下饭，牛蒡是午餐盒饭配菜的上佳之选。您可以把它掺入饭团，也可以像三明治那样把它夹在两片米饼当中。牛蒡饭团可以在冰箱中保存4天之久。

### 原料

| | | | |
|---|---|---|---|
| 米饭 | 480克 | 日本酱油 | 1½大匙 |
| 牛蒡（去皮切碎） | 100克 | 糖 | 1½大匙 |
| 日本辣椒（去籽切丝） | ½个 | 芝麻油 | 1小匙 |
| 胡萝卜（去皮切碎） | 30克 | 烤黑芝麻 | 适量 |
| 日本酒 | 1½大匙 | | |

### 做法

1　将牛蒡放在水中浸泡10分钟，取出并沥去水分。

2　将日本酒、日本酱油和糖放入碗中拌匀，放在一边。

3　在锅里热好芝麻油并放入日本辣椒生炒，随后加入牛蒡和葫芦卜继续炒3～4分钟。

4　蔬菜变软之后，沿着锅口的边缘倒下一圈刚刚调好的酱汁，搅拌均匀。

5　当水分快要蒸发完毕时，加入烤黑芝麻，搅拌混合之后，熄火并移至一边冷却。

6　做饭团，将牛蒡混合物和米饭放在碗中混合充分。

7　在碗里铺上一层保鲜膜。舀入¼的混合米饭，用保鲜膜包住米饭并一起取出，揉捏成球状。

8　撕下保鲜膜，在饭团表面粘上一层烤黑芝麻。

9　利用剩下的食材重复上述步骤。

**Tips**

　　上面的制作流程中，为了方便食材与米饭混合充分，我选用了切碎的牛蒡和胡萝卜。但是如果制作的是作为主食的饭团，建议可以将牛蒡和胡萝卜切成较厚的条状，以便在享用时感受到它们爽脆的口感。

正樱虾干生姜饭团

# 制作量

我喜欢吃生姜，在家中也时常备有一坛腌生姜和冷冻生姜。您会惊讶地发现，将冷冻生姜碾成碎末是如此轻而易举！创造这个食谱的契机是某天我手头恰好有一些吃剩的正樱虾米干，要知道做御好烧（卷心菜小麦粉煎饼）时我会加一些正樱虾米干，而做完之后总会有一些多余的剩下来。

## 原料

| | |
|---|---|
| 米饭 | 480克 |
| 腌制姜片（挤掉水分） | 40克 |
| 正樱虾米干 | 3大匙 |
| 日本酱油 | 3大匙 |
| 烤白芝麻 | 适量 |
| 白萝卜芽 | 适量 |

## 做法

1 将米饭、腌制生姜、正樱虾米干、烤白芝麻和日本酱油放入碗中轻轻搅拌，直至所有食材充分混合。

2 在碗里铺上一层保鲜膜。舀入$\frac{1}{4}$的混合米饭，用保鲜膜包住米饭并一起取出，揉捏成三角形或球状。

3 撕下保鲜膜，在饭团表面粘上一层白萝卜芽。

4 利用剩下的食材重复上述步骤。

Tips　制作腌制姜片非常简单。只要将150毫升米醋、6大匙糖和$\frac{1}{2}$小匙盐放入清洁的容器中充分混合。再往里面加入300～400克未削皮的生姜片，充分搅拌混合。之后将腌制液和姜片转移至密闭容器中并放入冰箱保存，隔夜即可取出食用。腌制姜片可以在冰箱中保存3个月。

天滓鲣鱼片饭团

## 制作量

天泽的"天"取自天妇罗，而"泽"取自渣泽。对了，相信你已经猜到了这个名字的意思。天泽就是天妇罗制作过程中生成的副产品——多余的油炸面糊。一般来说，这种副产品往往会被丢弃，然而在日本，有很多食谱会用到天泽。如果您家附近有一家友善的天妇罗餐馆，相信他们会免费赠予或者低价售予您一些。一碗热气腾腾的拉面表面撒上一些天泽，味道会非常棒。

您也可以试着自己动手制作天泽。做天妇罗时，往热油中撒入多余的面糊，形成直径0.5~1厘米的小圆盘。煎炸1分钟左右，至天泽颜色转为金黄并且质地变得酥脆，出锅并放在厨房纸上滤去油分即可。天泽可以在冰箱中保存1周。

### 原料

| | | | |
|---|---|---|---|
| 米饭 | 480克 | 鲣鱼片 | 12克 |
| 天泽 | 8~10大匙 | 日本酱油 | 4大匙 |
| 烤白芝麻 | 4大匙 | 海苔 | 4片 |

### 做法

1 将天泽、烤白芝麻、鲣鱼片和日本酱油放入碗中拌匀。
2 加入米饭，轻轻搅拌，直至充分混合。如果觉得味道太淡，可以加进更多的酱油。
3 在碗里铺上一层保鲜膜。舀入$\frac{1}{4}$的混合米饭，用保鲜膜包住米饭并一起取出，揉捏成中意的形状。
4 撕下保鲜膜，根据需要用海苔将饭团包起。
5 利用剩余食材重复上述步骤。

Tips

酱油和鲣鱼片混合而成的酱汁被称为okaka，鲣鱼片饭团在日本也被称作okaka饭团。

肉末饭团

## 制作量

　　肉末饭团可以用鸡肉、猪肉、牛肉、虾或鸡蛋来制作，并且制成之后极易保存，这让它成为一道宜于预制的佳肴。

　　当它被装入密闭容器放进冰箱保存时，可以保质1周左右；如用冷柜冷藏，保存期更可以长达1个月。

### 原料

| | |
|---|---|
| 米饭 | 480克 |
| 植物油 | 1大匙 |
| 鸡肉糜 | 250克 |
| 糖 | 2大匙 |
| 味淋 | 2大匙 |
| 日本酱油 | 3大匙 |
| 日本酒 | 25毫升 |
| 海苔 | 4片 |

### 做法

1　做鸡肉末。热一锅植物油，加入鸡肉糜煎烤。其间用一双筷子将肉糜捣碎成肉末。

2　开低火并加入糖、味淋、日本酱油和日本酒。继续煮炖30分钟左右，直至水分接近蒸发完毕。

3　其间持续用筷子搅拌肉末。起锅并放置一边冷却。

4　将米饭和鸡肉末舀进碗里混合，搅拌均匀。

5　在碗里铺上一层保鲜膜。舀入$\frac{1}{4}$的混合米饭，用保鲜膜包住米饭并一起取出，揉捏成球形或三角形。

6　撕下保鲜膜，根据需要用海苔将饭团包起。

7　利用剩余食材重复上述步骤。

毛豆饭团

## 制作量

毛豆是未熟透的新鲜大豆，它富含营养并且易于烹饪。如果您拿到一些毛豆，建议先试着将其白煮至熟，一道极其简单但又非常可口的小点就这么诞生了。如果往毛豆上撒一大把盐调味，它能立刻摇身一变，成为非常棒的饭团原料。

### 原料

| | |
|---|---|
| 米饭 | 480克 |
| 新鲜或冷冻的毛豆 | 80克 |
| 水 | 500毫升 |
| 盐 | 20克 |
| 烤白芝麻 | 2大匙 |

### 做法

1 如果使用新鲜毛豆，洗净后剪掉豆荚的两端。撒上一大把盐并充分混合。煮一锅沸水并加入剩余的盐，放入毛豆并在沸水中煮4分钟左右，沥水并放置一边冷却。

2 如果使用的是冷冻毛豆，根据包装上的说明进行烹饪，根据需要也可以在解冻的毛豆上撒一把盐。

3 将毛豆去壳并放置一边。

4 做饭团。将米饭、毛豆和烤白芝麻在碗中混合，并搅拌均匀。

5 在碗里铺上一层保鲜膜。舀入 $\frac{1}{4}$ 的混合米饭，用保鲜膜包住米饭并一起取出，揉捏成球形。

6 利用剩余食材重复上述步骤。

## 制作量

阳荷姜闻着很香，尝起来又有一点微苦。这是一种只有在夏天才能品尝到的时鲜。阳荷姜可以生吃，也可以腌制或烧熟后食用。将阳荷姜加到味噌汤或豆浆里，味道会特别好。阳荷姜黄瓜饭团是一道简单但口味清新的小点，特别适于在夏天食用。

### 原料

| | |
|---|---|
| 米饭 | 480克 |
| 黄瓜（切碎） | 2根 |
| 去核酸梅干（捣碎成糊） | 4个 |
| 阳荷姜（切碎） | 2个 |
| 紫苏叶（切细条） | 8片 |
| 盐 | 适量 |
| 烤白芝麻 | 适量 |

### 做法

1　在黄瓜中混入1小把盐，并搅拌至充分混合。放置一边，大约经过5分钟后，用手挤掉黄瓜中所含的多余水分。

2　将米饭、黄瓜、去核酸梅干糊、阳荷姜和紫苏叶放到碗里，轻轻搅拌至充分混合。试尝一下，如果不够咸可以继续加盐。

3　在碗里铺上一层保鲜膜。舀入$\frac{1}{4}$的混合米饭，用保鲜膜包住米饭并一起取出，揉捏成中意的形状。

4　撕下保鲜膜，在饭团顶端撒上1小把烤白芝麻。

5　利用剩余食材重复上述步骤。

# 莲藕鸡肉酱饭团

## 制作量

莲藕可蒸可煮，有它的料理总会有不一样的口感。它是食材中的多面手——您可以用它下饭，将它混到鸡蛋煎饼里，也可以在做可乐饼时把它掺到蒸土豆泥里。

如果做完这个饭团之后还剩下多余的莲藕和鸡肉混合物，您可以把它们放到冰箱中冷藏，一般可以保质4天。我习惯将用剩的莲藕料理再加工后用作午饭的配菜。

## 原料

| | | | |
|---|---|---|---|
| 米饭 | 480克 | 味淋 | 2大匙 |
| 莲藕（去皮切丁） | 200克 | 生姜碎 | 2小匙 |
| 水 | 500毫升 | 鸡肉糜 | 200克 |
| 米醋 | 1小匙 | 糖 | 1大匙 |
| 日本酱油 | 3大匙 | 植物油 | 1大匙 |

## 做法

1 将莲藕浸到水和米醋中，以防褪色。放置5~10分钟后放到凉水中冲洗后沥干。放到一边。

2 将糖、日本酱油、味淋和生姜碎放入碗中拌匀。

3 热一锅植物油，放入鸡肉糜煎炸直至变色。加入莲藕，煎炸至颜色转为透明。加入之前准备的酱汁，搅拌使其充分混合。

4 继续煮炖，等水分快蒸发光时，起锅并放置一边冷却。

5 将米饭舀入碗中，加入莲藕和鸡肉混合物，充分混合。

6 在碗里铺上一层保鲜膜。舀入$1/4$的混合米饭，用保鲜膜包住米饭并一起取出，揉捏成中意的形状。

7 利用剩余食材重复上述步骤。

大蒜培根饭团

**制作量**

松脆的培根和柔韧的米饭，两种质感截然相反的食材被完美地统一在了这个饭团当中。培根与大蒜搭配食用味道很好。再加入一小把黑胡椒，更会让其成为上佳的啤酒伴侣。

**原料**

| | |
|---|---|
| 米饭 | 480克 |
| 橄榄油 | 2小匙 |
| 大蒜（去皮捣碎） | 2瓣 |
| 培根（切碎） | 4片 |
| 黑胡椒 | 适量 |
| 香葱末 | 1～2大匙 |
| 盐 | 适量 |

**做法**

1 将橄榄油倒入锅中，放进大蒜后炒香。加入培根翻炒，待质地变得松脆后撒上盐和黑胡椒。起锅并沥油。

2 将米饭、培根和香葱末放入碗中，混合均匀。

3 在碗里铺上一层保鲜膜。舀入$\frac{1}{8}$的混合米饭，用保鲜膜包住米饭并一起取出，揉捏成中意的形状。

4 利用剩余食材重复上述步骤。

## 制作量

泰式罗勒肉碎是一种加入了肉糜和泰国罗勒烹饪而成的米饭类食品，它辛辣的味道诱人垂涎。我非常喜欢这道菜，它启发我创造出了这种泰式罗勒肉碎饭团。

### 原料

| | |
|---|---|
| 米饭 | 400克 |
| 植物油 | 2大匙+2小匙 |
| 蒜泥 | 1大匙 |
| 红辣椒（去籽切碎） | 1个 |
| 青椒（去籽切碎） | 5个 |
| 鸡肉糜 | 150克 |
| 猪肉糜 | 150克 |
| 罗勒叶（切碎） | 20片 |
| 盐 | 适量 |

**调味料**

| | |
|---|---|
| 鱼露 | 1大匙 |
| 蚝油 | 5大匙 |
| 日本酱油 | 2小匙 |
| 糖 | 2小匙 |
| 日本酒 | 2小匙 |

**鸡蛋煎饼**

| | |
|---|---|
| 鸡蛋 | 4个 |
| 牛奶 | 4大匙 |
| 土豆淀粉 | 4小匙 |

### 做法

1　将所有调味料倒入碗中拌匀。

2　在锅中热2大匙植物油，将蒜泥和红辣椒倒入炒香。

3　加入鸡肉糜和猪肉糜继续翻炒至变色。

4　加入青椒煎烤1分钟左右。

5　倒入调味料，与锅中原料搅拌均匀。

6　起锅，加入罗勒叶。充分混合后放置一边。

7　将鸡蛋、牛奶和土豆淀粉倒进小碗中拌匀。

8　取一个干净的锅，在里面热2小匙植物油后，倒入$\frac{1}{4}$上面调配好的牛奶鸡蛋混合物。

9　将锅中的混合物摊成直径15厘米的薄饼。煎烤两面后捞起放到一边。

10　重复上述步骤直到鸡蛋混合物全部用完，这样你手上就有4枚煎蛋饼了。

11　做饭团。将米饭和6～7大匙肉糜混合物放入碗中充分混合。试尝一下，不够咸可加盐。

12　在碗里铺上一层保鲜膜。舀入$\frac{1}{4}$的混合米饭，用保鲜膜包住米饭并一起取出，揉捏成中意的形状。

13　撕下保鲜膜，小心地将饭团用鸡蛋煎饼包起，将煎饼边缘结合处朝下放置，在饭团的顶部切一个口子让米饭露出，点缀上罗勒叶。

14　利用剩余食材重复上述步骤。

# 紫苏叶三文鱼饭团

制作量

多亏加入了紫苏叶和烤白芝麻，这个饭团看上去色彩缤纷，闻上去芳香宜人。在日本，紫苏叶是一种夏日中备受欢迎的食材。它清新的香味，会让您按捺不住拨动食指的冲动。

**原料**

| 米饭 | 480克 |
|---|---|
| 黄瓜（切薄片） | 2个 |
| 盐 | 适量 |
| 紫苏叶（切碎） | 8片 |
| 烤白芝麻 | 4大匙 |
| 三文鱼（捣碎） | 8大匙 |

**做法**

1 将黄瓜和盐放到碗中搅拌混合，放置5分钟，用手挤出黄瓜中的水分。

2 将米饭、紫苏叶、烤白芝麻、三文鱼和黄瓜放到大碗中拌匀。试尝一下，不够咸可以继续加盐。

3 往碗里铺上一层保鲜膜。舀入$\frac{1}{4}$的混合米饭，用保鲜膜包住米饭并一起取出，揉捏成中意的形状。

4 利用剩余食材重复上述步骤。

菜饭饭团

**制作量**

白萝卜（日文名大根）叶不仅好吃，还富含钙质、维生素C和β–胡萝卜素。曾有一段时间，市面上卖的白萝卜都连着叶子，但最近出于延长上架时间的考虑，市面上的萝卜都被剪掉了叶子。好时光虽然不再，但幸好白萝卜叶子很容易在家栽培。您只需切掉萝卜顶部，并浸到水中即可。无需几日，漂亮的绿叶子就会出现在您眼前！您可以把这些叶子泡到味噌汤里，也可以按照下面的方法，将它和米饭混在一起食用。

**原料**

| | |
|---|---|
| 米饭 | 480克 |
| 盐 | 1小把＋$\frac{1}{2}$小匙 |
| 白萝卜叶 | 200克 |
| 烤白芝麻 | 2小匙 |

**做法**

1　烧沸一壶水并往当中加1小把盐。

2　将白萝卜叶放入小焯1分钟。

3　取出后立即将叶子浸入冰水以防其继续变熟。

4　用厨房纸将叶子拍干。

5　将叶子切成0.5厘米长的小片并放在碗中。

6　在叶子上撒$\frac{1}{2}$小匙盐并搅拌混合。

7　加入米饭和烤白芝麻充分混合。试尝一下，不够咸可以继续加盐。

8　在碗里铺上一层保鲜膜。舀入$\frac{1}{4}$的混合米饭，用保鲜膜包住米饭并一起取出，揉捏成中意的形状。

9　利用剩余食材重复上述步骤。

苦瓜豆腐炒鸡蛋饭团

# 制作量 🍙🍙🍙🍙

Goya是日语中苦瓜的叫法，而Chanpuru在日语中则是对一种炒菜的称呼，所以这里介绍的苦瓜豆腐炒鸡蛋在日本被叫作Goya Chanpuru，它曾经是冲绳的代表料理，现在则已经风靡全日本。

日本的夏天炎热难耐，很多人都会因此胃口大减。有种说法是苦瓜的苦味可以开胃，并且还拥有一定的药用功效，可以在炎热的夏日中为身体增添活力。当我初尝苦瓜时曾经对它非同寻常的苦味非常不适，但现在习惯之后已经离不开它了。

## 原料

| | |
|---|---|
| 米饭 | 480克 |
| 苦瓜 | 1根 |
| 盐 | 1小撮 |
| 植物油 | 1大匙 |
| 午餐肉或火腿肠（切丁） | 120克 |
| 黑胡椒 | 适量 |
| 鸡蛋（打散） | 1个 |
| 鲣鱼片 | 6克+少量装饰用 |

### 调味酱

| | |
|---|---|
| 鸡精 | 2小匙 |
| 日本酒 | 2大匙 |
| 芝麻油 | 适量 |
| 日本酱油 | 2小匙 |

## 做法

1 将苦瓜沿着中线切成4条，并去籽，切成薄片。

2 将苦瓜放进碗里，撒上一小把盐，混合均匀，放置3~5分钟。试尝一下，如果实在太苦，可以继续放置1分钟。

3 放入冷水漂洗，随后用手将苦瓜挤干。

4 将调味酱用料放到碗中拌匀。

5 用锅热好植物油，煸炒午餐肉或火腿肠至轻微发黄。

6 加入苦瓜、黑胡椒和调味酱，煸炒数秒。

7 加入鸡蛋并搅拌至充分混合。

8 继续煮炖直至苦瓜变软，水分基本蒸发，起锅。

9 将6~7大匙苦瓜混合物、鲣鱼片和米饭放入碗中充分混合。您可以根据自己的喜好加入更多苦瓜混合物，不过小心过量，这会导致米饭难以捏合。

10 在碗里铺上一层保鲜膜。舀入 $1/4$ 的混合米饭，用保鲜膜包住米饭并一起取出，揉捏成中意的形状。

11 撕掉保鲜膜，点上装饰用的鲣鱼片。

12 利用剩余食材重复上述步骤。

Tips 本次制作中我使用的是日本苦瓜，相比中国和东南亚传统料理中使用的苦瓜，它的个头更小，表面突起更多，味道也更苦。如果您家里没有日本苦瓜或觉得它不合口味，也可以使用其他苦瓜来代替。

羊栖菜饭团

## 制作量

我家一年四季都存有羊栖菜，这得益于它的易于烹饪和保存。我会一次烧好多，将其封存到硅胶小杯（15~20克每杯）里冷藏。这让我可以随时随地取出一杯加入午餐盒配菜，也可以待其解冻之后掺入米饭做成饭团。超市出售的羊栖菜有长、短两种，它们烹饪的方法并没有什么不同。这里我使用短的羊栖菜，因为其更方便与米饭混合。

## 原料

| | | | |
|---|---|---|---|
| 米饭 | 480克 | 热水 | 200毫升 |
| 干羊栖菜 | 10克 | 速溶日式高汤粉 | 1½大匙 |
| 胡萝卜 | 60克 | 日本酱油 | 2大匙 |
| 油炸豆腐 | 1块（约60克） | 味淋 | 2大匙 |
| 植物油 | 2小匙 | | |

## 做法

1 干羊栖菜在水中浸30分钟，漂洗后沥水，放置一边。

2 将胡萝卜切成薄片。

3 将热水倒到油炸豆腐上，简单沥水后用厨房纸吸收多余水分，切成2厘米的条状。

4 在锅里热好植物油，放入羊栖菜、胡萝卜和豆腐条嫩炒1分钟。

5 加入水、速溶日式高汤粉、日本酱油和味淋，煮炖至水分基本蒸发。起锅。

6 将4~5匙羊栖菜混合物和米饭放入碗中，充分混合。

7 在碗里铺上一层保鲜膜。舀入¼的混合米饭，用保鲜膜包住米饭并一起取出，揉捏成中意的形状。

8 利用剩余食材重复上述步骤。

# 选好大米的种类

总的来说，世界上的大米可以分为三大类：日本型、印度型和爪哇型。而做好饭团很重要的一点，就是一定要选用日本型稻米。

颗粒短小圆润的日本型大米的栽种范围主要分布在日本、韩国、中国东北和北美。煮熟后的米饭会变得黏性十足，做成的饭团也容易保形，即便咬进一口后也不会散。

印度型大米颗粒细长，煮熟后也不会变黏。它的产地主要分布在中国、越南、泰国、缅甸、孟加拉国、印度和北美。爪哇型的颗粒比其他两种大米更大，它主要在东南亚、意大利和巴西被广为栽培。

日本国内栽培的大米多达270个品种，广为人知的品种有越光米、一目惚米、秋田小町米。此外，根据加工状态，大米还可以被分为白米（抛光米）和糙米（未抛光米）。食用糙米对健康更有益，因为完整的大米颗粒表面包裹的麸皮含有更多的矿物质、维生素和纤维质。

如果走进日本超市，您还能找到大米抛光机，使用它可以自行控制大米的抛光度，比如可以选择100%抛光米（白米）、50%抛光米（五分精米）和无抛光玄米（糙米）。抛光过程中产生的副产物被称为麸皮或糠，它可以被用来腌制一种叫糠渍的腌菜，也可以作为化妆品和有机肥的原料。用糠擦洗脸和身体可以让您的皮肤变得柔滑有光泽！

日本大米中所含直链淀粉比例较低，低直链淀粉含量的米饭煮熟之后口感能保持更久，凉掉之后也能保持韧性。这就是日本大米适于制作饭团的最大秘密所在。但另一方面，制饼用大米（糯米）几乎不含直链淀粉，全由支链淀粉构成，因此这种大米黏度极高。

编者注：也可采用中国东北的大米制作饭团。

# part4
## 来装点我们的饭团吧

简易味噌饭团

## 制作量

只要手头有剩饭，妈妈就会把它们做成这种饭团，盛在晚餐餐桌上的盘子里。数小时之后这些饭团就会不翼而飞。制作这种饭团您所需要的只是在饭团表面涂满味噌酱——就是这么简单！这里我想特别推荐使用混合味噌，这种味噌由白味噌和红味噌调制而成。白味噌太甜而深红的味噌太腻，所以将它们调和之后才能得到平衡适中的味道。在这个饭团里您可以同时享用到味噌酱的自然柔和与米饭的甘甜口感，无论冷食还是热用，它的美味不变！

### 原料

| 米饭 | 480克 |
| --- | --- |
| 盐 | 1小撮 |
| 味噌酱 | 4大匙 |

### 做法

1 打湿手并在手掌至指尖处均匀撒上一层盐。

2 取120克米饭放在手上，轻轻挤压2～3次，形成中意的形状。

3 舀1大匙味噌酱涂满饭团。

4 利用剩余食材重复上述步骤。

香松饭团

制作量

日本米饭调味粉（日文名振掛，也译作香松）在几乎所有超市都有销售。香松有很多种类，选一种你喜欢的加进饭团里吧。它会是一道色彩缤纷、营养丰富而又制作简单的小点。

原料

| | |
|---|---|
| 米饭 | 480克 |
| 日本米饭调味粉 | 8大匙 |

做法

1　在碗里铺上一层保鲜膜。舀入$\frac{1}{8}$的米饭，用保鲜膜包住米饭并一起取出，轻轻挤压成中意的形状。

2　将日本米饭调味粉倒入盘子，撕掉保鲜膜，让饭团在盘子上翻滚，直至均匀地沾满日本米饭调味粉。

3　利用剩余食材重复上述步骤。

还可以将日本米饭调味粉混入米饭后揉捏成型。你也可以试着往饭团中加进酸梅干、三文鱼片和泡菜等馅料之后撒上一层香松粉，制作出属于自己的原创饭团。

天结

制作量

天结产自日本中部的三重县，但现在它已经作为名古屋市的名吃被广泛认知。它名字中的"天"字源自天妇罗，而"结"字则出自饭团的异称"御结"，您可以使用吃剩的天妇罗作饭团原料。

## 原料

| | |
|---|---|
| 米饭 | 480克 |
| 虾 | 8只 |
| 植物油 | 适量 |
| 盐 | 1小匙 |
| 海苔 | 8片 |

**调味酱**

| | |
|---|---|
| 日本酒 | 2大匙 |
| 味淋 | 3大匙 |
| 糖 | 2小匙 |
| 日本酱油 | 6大匙 |
| 鲣鱼片 | 3克 |

**天妇罗面糊**

| | |
|---|---|
| 水 | 80克 |
| 日本酒 | 1大匙 |
| 冰块 | 2块 |
| 中筋面粉 | 50克 |
| 发酵粉 | 1/2小匙 |

## 做法

1 先准备调味酱。将日本酒和味淋混入小锅中煮至沸腾。

2 加入糖、日本酱油和鲣鱼片，起锅。

3 准备虾。去虾壳和虾头，不过不要动虾尾。去掉虾线，用厨房纸拍干虾肉。

4 准备天妇罗糊。将水、日本酒、冰块、牛筋面粉和发酵粉倒入碗中，取一双筷子，用画圈的方式搅拌5周，以充分混合。

5 热好植物油准备下锅。当油温达到180℃时将虾浸入面糊，放入油锅煎炸至呈金黄色。

6 用手指在面糊上戳一个4厘米的孔，塞入天妇罗虾。

7 打湿手并在手掌至指尖处均匀撒上一层盐。

8 取120克米饭放在手上，轻轻挤压2~3次，形成三角形。确保馅料被米饭裹住的同时，露出尾部一截在表面。

9 用海苔片包起米饭球。

10 利用剩下的食材再做一个饭团。

熏三文鱼饭团

**制作量**

　　这种饭团外形很像寿司，这让它成为宴会庆典酒席上的完美之选。当使用熏三文鱼作馅料时，务必趁新鲜尽快食用。

**原料**

| | |
|---|---|
| 米饭 | 480克 |
| 熏三文鱼 | 8片 |
| 紫苏叶 | 8片 |
| 柠檬（切小片） | $1/4$个 |

**做法**

1　在碗里铺上一层保鲜膜。舀入$1/8$的混合米饭，用保鲜膜包住米饭并一起取出，挤压成球状。

2　再往上盖上一片紫苏叶，叶子的正面朝下。

3　在中间放上一块熏三文鱼。

4　点缀上柠檬片。

5　利用剩余食材重复上述步骤。

蛋包饭团

## 制作量

蛋包饭（或称日式鸡蛋饼米饭）是一种广受欢迎的儿童食品。在当中加进一点辣酱油会让它尝起来更加美味，即便凉掉之后也风味不减。对于这种饭团，即便是不爱吃蔬菜的孩子，相信也会吃得津津有味。而我自己则习惯野餐时带上一盒出门享用。

### 原料

| | |
|---|---|
| 米饭 | 480克 |
| 植物油 | 适量 |
| 洋葱（去皮切碎） | 1/2个 |
| 鸡胸肉（捣碎） | |
| | 1块（约200克） |
| 冷冻什锦蔬菜 | 50克 |
| 香肠（切块） | 2根 |

**调味酱**

| | |
|---|---|
| 辣酱油 | 1小匙 |
| 鸡精 | 2小匙 |
| 大蒜（去皮捣碎） | 1/2瓣 |
| 盐 | 1小撮 |
| 白胡椒 | 1小撮 |
| 番茄酱 | 2大匙+更多点缀用 |

**鸡蛋煎饼**

| | |
|---|---|
| 鸡蛋 | 4个 |
| 牛奶 | 4大匙 |
| 土豆淀粉 | 4小匙 |
| 植物油 | 适量 |

### 做法

1 准备调味酱。将调味料放入碗中拌匀，放置一边。

2 在锅里热好油，放入洋葱和鸡胸肉煎炒，至鸡胸肉变色。起锅并放置一边。

3 在同一个锅里放入冷冻什锦蔬菜和香肠，煎炒1~2分钟。

4 加入米饭并混合充分。

5 加入炒好的洋葱鸡胸肉混合物和调味酱，充分混合。

6 起锅，将米饭混合物舀入盘子并放置一边。

7 准备鸡蛋煎饼。将鸡蛋、牛奶和土豆淀粉倒入小碗中拌匀。

8 另外准备一个干净的煎锅，热好油并倒入鸡蛋糊。

9 将鸡蛋糊在煎锅底部摊开，形成一个薄饼，两面煎烤后放置一边。

10 重复上述步骤直至鸡蛋糊全部用完，放置以备后用。

11 在碗里铺上一层保鲜膜。舀入60克混合米饭，用保鲜膜包住米饭并一起取出，捏成中意的形状。

12 利用剩余的米饭重复上述步骤。

13 将鸡蛋饼切成8条15厘米×2.5厘米的长方形条状，还可以用吸管在上面打孔，以作花纹。

14 撕掉饭团上的保鲜膜，并小心地在周围用鸡蛋饼条包起。如果有需要，还可以加上番茄酱点缀。

午餐肉饭团

## 制作量

午餐肉饭团是冲绳有名的地方小吃。但近年来，您可以在日本几乎所有便利店找到这种饭团。一般来说，午餐肉当中含有大量的盐分，所以建议您在食用之前先过一下沸水。照烧酱或炸猪排酱配上这种饭团味道非常不错。所以我特意在下面加入了照烧酱的简易制作方法。您可以用它来煎鸡肉、鱼和纳豆（发酵的大豆）。

### 原料

| 米饭 | 480克 | 照烧酱 | |
| --- | --- | --- | --- |
| 午餐肉（切厚片） | 100～120克 | 日本酱油 | 4大匙 |
| 黑胡椒粉 | ¹/₂小匙 | 糖 | 4大匙 |
| 海苔（切条） | 4片 | 日本酒 | 3大匙 |
| 白萝卜芽 | 适量 | | |

### 做法

1 将调制照烧酱用的所有原料混入碗中拌匀，放置一边。

2 煮一锅沸水，放入午餐肉过2分钟以去掉肉中的盐分。

3 倒掉水，无油煸炒午餐肉至两面呈金黄。

4 在午餐肉上倒上照烧酱，并继续煎烤至酱汁失去水分变黏稠。

5 起锅、放置一边冷却。

6 打湿手，取¹/₈的米饭，将其捏成与午餐肉对应的大小和形状。

7 在米饭上放上一块午餐肉。

8 用一条海苔带将午餐肉和米饭绑定。用白萝卜芽点缀饭团。

9 利用剩余原料重复上述步骤。

Tips

如果您喜欢辛辣的味道，可以在米饭中混入一些黑胡椒粉。

# 烤牛肉饭团

## 制作量

如果您喜欢肉食，那么这个饭团一定会让您非常满意。它的制作是如此的简单，但这并不影响其能胜任作为一顿晚餐或午餐的主食。我使用切成丝的长葱点缀饭团，不过大葱或生姜的味道同样和牛肉非常般配。如果您喜欢猪肉，请选取比较精瘦的肉块作为食材。这款饭团非常适合装进午餐盒里携带食用，因为凉掉之后，它的口味甚至会更加出众。

### 原料

| | | | |
|---|---|---|---|
| 米饭 | 400克 | **调味酱** | |
| 烤芝麻 | 1大匙+适量 | 日本酱油 | 4大匙 |
| 薄牛肉片 | 300克 | 糖 | 2大匙 |
| 植物油 | 2小匙 | 日本酒 | 3大匙 |
| 葱丝 | 适量 | 水 | 4大匙 |

### 做法

1　将米饭和烤芝麻放入碗中混合。

2　打湿手并取 $\frac{1}{4}$ 的米饭捏成圆柱形，放置一边冷却。

3　将制作调味酱用的原料倒入小碗中拌匀。

4　给饭团四周包上一层薄牛肉片。

5　在锅里热好植物油，将牛肉片的包裹接缝部朝下放置，煎烤。

6　表面全部过油煎烤完毕后，起锅并放置一边。

7　在同一个锅中加入调味酱，加热至沸腾。

8　重新将饭团放回锅中，滚上一层调味酱。

9　起锅并将饭团盛入盘中。

10　在饭团上面撒一些烤芝麻和葱丝。

在制作这个饭团时，捏制米饭要尽量用力，包裹牛肉片或猪肉片的时候也要保证紧贴米饭表面，以防煎烤时掉落或散架。

# 炸土豆片和黑胡椒饭团

## 制作量

这种饭团非常适合在家食用。您可以选用自己最喜欢的炸土豆片。这种饭团制作简单又好吃，尤其适合孩子和啤酒爱好者。

## 原料

| | |
|---|---|
| 米饭 | 480克 |
| 盐 | 1小匙 |
| 炸土豆片 | 适量 |
| 黑胡椒粉 | 1小匙 |

## 做法

1　将米饭和盐放入碗中混合。

2　在碗里铺上一层保鲜膜。舀入$\frac{1}{8}$的混合米饭，用保鲜膜包住米饭并一起取出，捏成球状。

3　利用剩余的米饭重复上述步骤。

4　将炸土豆片捣碎后放入碟子里。

5　在土豆碎上撒上黑胡椒粉，充分混合。

6　撕掉保鲜膜，在土豆碎里放上饭团，充分翻滚，直至表面沾满土豆碎。请尽快食用。

# 制作量 🍙🍙🍙🍙

小时候，每到八月暑假，我就会时不时地跑到奶奶家去玩，一起庆祝中元节。那个日子里，奶奶会准备好牡丹饼来供奉祖先。

牡丹饼在一年中的不同时节有不同的叫法，春分的时候它被叫做牡丹饼，而秋分的时候它又被叫做御荻。这种味道甜美的米饭球通常使用糯米制作，但下面我要使用的是日本短粒粳米，因为它更便于准备。

## 原料

| | |
|---|---|
| 红豆 | 100克 |
| 水 | 适量 |
| 糖 | 100克 |
| 盐 | $\frac{1}{2}$小匙 |

**红豆沙牡丹饼**

| | |
|---|---|
| 米饭 | 200克 |

**大豆粉牡丹饼**

| | |
|---|---|
| 米饭 | 200克 |
| 大豆粉 | 6大匙 |
| 砂糖 | 4大匙 |

## 做法

1 从准备红豆沙开始。将红豆倒入锅中，加入水使其漫过红豆表面，煮沸，待沸腾后熄火并排干水。

2 再一次加入等量水并煮沸。一旦沸腾，开低火慢炖40分钟。

3 在炖红豆的时候，用勺子撇掉水面浮起的泡沫，注意保持水位，有需要即补充水分以免水煮干豆烧煳。如果要确认红豆是否煮熟，可以从锅里舀一小撮后试着用手指捏一下，豆质柔软易碎就应该可以了。

4 排干水后将红豆放回锅中，加糖。

5 继续开低火炖，同时不停搅拌，直至豆沙发亮并变得黏稠。

6 起锅，加盐并搅拌均匀。

7 将红豆沙盛入大碗中，放置待冷却。

8 制作红豆沙牡丹饼。在碗里铺上一层保鲜膜，舀入$\frac{1}{4}$的混合米饭，用保鲜膜包住米饭并一起取出，捏成球状。

9 另外准备一张保鲜膜，往上舀一些红豆沙，并摊成直径10厘米的饼状。

10 撕掉饭团表面包裹的保鲜膜，放到红豆沙饼上。慢慢地将红豆沙捏合到米饭上，直到饭团的表面被完全覆盖。

11 使用剩余原料重复上述步骤。

12 制作大豆粉牡丹饼。在一个平底容器中混入大豆粉和砂糖，放置一边。

13 在碗里铺上一层保鲜膜。舀入$\frac{1}{4}$的混合米饭，用手指戳一个直径2厘米的小孔，往里面填入满满1小匙红豆沙，用米饭包裹住红豆沙。

14 轻柔地将米饭挤压成球状。

15 撕掉保鲜膜，在大豆粉上滚动饭团，直至表面均匀沾满大豆粉。

16 使用剩余原料重复上述步骤。

微笑饭团

制作量 🍙🍙🍙🍙

之所以取名微笑饭团，是因为它们可以让每个人都发出会心的微笑！这些饭团很受孩子们的欢迎，因为这让他们的食物外观平添了许多乐趣。当向挑食的孩子推荐食物时，这更会是一个非常有效的方法！

您可以购得海苔切割器，轻轻松松地将海苔切成各种形状，组合成一张张充满童趣的面部表情。我还会用意粉当接合材料，把耳朵接到微笑饭团上。意粉会软化，并且可以和饭团一起食用，当然使用与否最终还是取决于您的实际需要。

## 原料

**熊饭团**

| 米饭 | 80克 |
| 日本酱油 | 1小匙 |
| 生意大利面（切段） | 1根 |
| 海苔 | 1片 |
| 番茄酱 | 适量 |

**兔子饭团**

| 米饭 | 80克 |
| 鹌鹑蛋 | 2个 |
| 生意大利面（切段） | 1根 |
| 火腿片 | 1片 |
| 海苔 | 1片 |
| 番茄酱 | 适量 |

## 做法

1 做熊饭团。将米饭和日本酱油放到小碗中充分混合。

2 捏两个直径1厘米的米饭球作耳朵。

3 将剩下的米饭放到保鲜膜上，捏成球状以作熊的脸。撕掉保鲜膜。

4 在熊脸上插2段意大利面，把熊耳朵插到上面。

5 用厨房剪刀从海苔片里剪出眼睛、鼻子和嘴的形状，并分别把它们贴到大米饭球的相应部位。

6 用牙签蘸着番茄酱，轻轻地点上腮红。

1 做兔子饭团。煮熟鹌鹑蛋并去壳。

2 趁热将蛋用保鲜膜包起后搓成圆柱状，作兔子的耳朵。放置一边冷却。

3 将米饭舀到保鲜膜上，捏成球状作兔子的脸，撕掉保鲜膜。

4 在两个鹌鹑蛋里各插进一段生意大利面，再将生意大利面的另一端分别埋到米饭球里。

5 从火腿片上切下两块1厘米长的条形，贴到鹌鹑蛋上。

6 用厨房剪刀从海苔片里剪出眼睛、鼻子和嘴的形状，并分别把它们贴到大米饭球的相应部位。

7 用牙签蘸着番茄酱，轻轻地点上腮红。

## 狮子饭团

| | |
|---|---|
| 米饭 | 80克 |
| 鸡蛋 | 1个 |
| 牛奶 | 1大匙 |
| 土豆淀粉 | 1小匙 |
| 植物油 | 1大匙 |
| 番茄酱 | 1大匙 |
| 生意大利面（切段） | 1根 |
| 海苔 | 1片 |
| 奶酪片 | 1片 |
| 烤黑芝麻 | 若干 |

1 做狮子饭团。将鸡蛋、牛奶和土豆淀粉放入小碗中打散拌匀。

2 取一口中等大小的锅（最小直径15厘米），热好植物油后倒入鸡蛋糊，摊成非常薄的饼状，翻面并继续煎30秒。起锅并放置一边冷却。

3 将番茄酱和米饭放入小碗中充分混合。

4 捏两个直径1厘米的米饭球以组成耳朵。

5 将剩下的米饭放到保鲜膜上，捏成球状并轻轻地将边缘部压平，做好狮子的头，撕下保鲜膜。

6 做狮子的鬃毛。将鸡蛋饼切成15厘米×6厘米的长条状，并纵向对折，沿着折边细细切开口。

7 将鸡蛋饼嵌入到松饼杯四周，折边突出朝外，模拟狮子鬃毛的样子。

8 在松饼杯中放入狮子的头，再把生意大利面的一端插入小米饭球，另一端接到大米饭球上。

9 用厨房剪刀从海苔片里剪出眼睛、鼻子和胡须的形状。

10 从奶酪片上切下两片圆形。

11 将各个部件安置到米饭球上相应的位置，最后撒上几粒烤黑芝麻，点缀狮子的鼻口部。

## 小鸡饭团

| | |
|---|---|
| 米饭 | 80克 |
| 鸡蛋 | 1个 |
| 牛奶 | 1大匙 |
| 土豆淀粉 | 1小匙 |
| 植物油 | 1大匙 |
| 胡萝卜（切小块） | 1/4个 |
| 海苔 | 1片 |

1 做小鸡饭团。将米饭放在保鲜膜上，捏成蛋形后，放置一边。

2 将鸡蛋、牛奶和土豆淀粉放入小碗中后打散拌匀。

3 取锅热植物油，倒入2/3的鸡蛋糊，旋转煎锅，摊成一个直径15厘米的薄饼。薄饼成型之后，翻转另一面继续煎30秒。

4 将鸡蛋饼摊到砧板上，沿着边缘切开宽1厘米的口子。

5 将鸡蛋饼移到保鲜膜上，取来饭团，撕掉包裹的保鲜膜，放到鸡蛋饼的正中央。

6 用鸡蛋饼连带保鲜膜一起把饭团包起，静置5分钟，以使蛋饼紧贴米饭表面。撕下保鲜膜。

7 再次在锅中热植物油，倒入剩下的鸡蛋糊，旋转煎锅摊成薄饼状。

8 起锅并用厨房剪刀将鸡蛋饼剪成小鸡翅膀的形状。

9 用胡萝卜切出鸡嘴和鸡爪的形状，将海苔剪出眼睛，分别安置到饭团相应的位置。

# 酸梅干的功效

如果喜欢日本料理，那酸梅干对您来说可能并不陌生。

当我还在东京的时候，一直坚持每年自己动手腌酸梅。这是一项我颇为喜爱的季节性准备活动。梅子的采摘时节是每年六月左右。而每年夏天我去奶奶家的时间，差不多就正好是奶奶将梅子装在竹篮中晾干的时节。梅子一般都被放在面朝院子的走道上。以前我很喜欢躺在那条走道上打个小盹儿。盛夏的微风将梅子的清香捎带到我的鼻尖，时不时地我也会挑几个梅子，塞到嘴里小尝。

制作酸梅干或者加工梅酒（浸泡梅子的日本酒）时，作为原料使用的梅子可以是未成熟的青梅，也可以是成熟的黄梅。就个人来说，我更喜欢用成熟的梅子来制作梅干和梅酒。成熟的梅子香味甘甜迷人，丝毫不比杏子逊色。但是它的口味却一点也不甜美，甚至还带有一些毒性。尽管这种毒性会在腌制、盐渍，以及酒精浸泡的过程中消失。

用烧酎（清白酒）清洗完梅子后，将其放入一个盛盐的容器中（盐和梅子的重量比为18：100），并在容器顶部用重物压实。经过数日之后，梅子果实四周会包裹上一层梅酢（梅醋），进入这个阶段以后，如果您喜欢红色的梅子就可以往里面放一些紫苏叶，然后再密封1周左右。紫苏叶中的色素会慢慢渗透进梅子里，为它染上一身鲜艳的红色。

七月中旬雨季结束，这就到了晒干腌梅子的时节了。白天将梅子从容器中取出，放在烈日下暴晒一昼，入夜再将它们收回容器中歇息一宿，周而复始直至第三天。经过晒干之后，就可以把梅干放进一个干净的容器中保存，这时它们的保质期几乎是无限的。

酸梅干非常酸，这种酸味来自柠檬酸，它同样存在于包括柠檬在内的其他柑橘类果实之中。据说柠檬酸能够加速乳酸的分解，从而帮助您迅速从疲劳中恢复。此外，这种酸味还可以刺激因为潮湿闷热而疲劳慵懒的身体，帮助您恢复食欲。

柠檬酸和盐的组合给了酸梅干强韧的抗菌能力，这使它可以完美胜任饭团的馅料和午餐盒配菜。由于它众所周知的酸味，一般会以为酸梅干是一种酸性食材，但其实不然，它是一种碱性食品。如果您经常摄入的食品中含有大量的糖分和脂肪，那么您的血液可能倾向于呈现酸性，每天食用酸梅干可以帮助您的血液回到它的健康平衡态，由此助您健康常在。

记得年幼时有一次去奶奶家，那时正患有非常重的感冒。奶奶把一件沾满了长葱和酸梅干碎末的棉衣裹在了我的脖子上。并嘱咐我保持这个姿势几个小时。我记得自己颇为那难闻的味道和古怪的扮相所困扰，但结果第二天感冒就开始好转了！

下面奉上更多奶奶总结出来的梅干保健小疗法：

- 着凉和发烧时，将酸梅干和砂糖混入杯中，倒入热水浸泡。喝了这杯茶后身体就会出汗，第二天症状就会有所缓解。
- 头疼或牙疼时，将酸梅干捣成糊状，涂到干净的纸片或布块上，用其搓揉太阳穴可以缓解头疼，搓揉脸颊可以缓解牙疼。
- 治疗宿醉。将酸梅干碎末混入绿茶后，慢慢饮用。
- 治疗咽喉炎。每天用稀释后的梅酢漱口5～10次。

part5
一起来烤饭团吧

# 酱油烤饭团和味噌烤饭团

**Tips**

您还可以把酱油饭团做得更美味。在用酱油刷烤饭团之前，可以试着在饭团上撒一些七香料（日文名七味唐辛子）。

**制作量**

　　只要把酱油味噌糊涂抹到饭团表面后，架在火上烤一烤，您就获得了一枚美味的烤饭团（日文名烧饭团）。它的香味非常诱人！

　　超市货柜上陈列的味噌种类繁多，琳琅满目，有红的和白的，还有含盐的和不含盐的，用稻谷的和不用稻谷的，用小麦的和不用小麦的……品种之间的差异取决于它们各自的产地以及所使用的制作原料。居住在包括东京在内的关东地区的人们一般使用赤味噌（红色味噌），包括大阪和京都在内的关西地区习惯于使用白味噌（白色甜味噌），而那些包括仙台在内的东北地区的朋友则更喜欢用八丁味噌（深棕色味噌）。如果您尚未习惯在自己的料理中添加单一味噌，可以先尝试使用合味噌，这是一种由50％白味噌加50％红味噌调制而成的混合味噌。

**原料**

**做法**

**酱油烤饭团**

| | |
|---|---|
| 米饭 | 240克 |
| 日本酱油 | 1大匙+适量 |

1　制作酱油烤饭团。将米饭和日本酱油放入一个大碗中搅拌混合。

2　舀60克米饭到饭碗中。打湿手并取来米饭，将米饭捏成球状或三角状。

3　利用剩余米饭重复上述步骤，直至做出4个饭团。将饭团放入盘子冷却。

4　把饭团放到一张锡箔纸上，装入烤炉或架在煎锅上烧烤，至两面呈棕黄色。

5　分别在两面刷上酱油后继续烧烤，每面分别烤10秒。

**味噌烤饭团**

| | |
|---|---|
| 米饭 | 240克 |
| 葱片 | 2大匙 |
| 味噌酱 | 2大匙 |

1　制作味噌烤饭团。将米饭、葱片和味噌酱倒入一个小碗，搅混合。

2　舀60克米饭混合物到饭碗中，打湿手并取来米饭，将米饭捏成球状或三角状。

3　利用剩余米饭重复上述步骤，直至做出4个饭团。将饭团放入盘子以待冷却。

4　用烤炉或煎锅两面烧烤饭团，直至两面呈棕黄色。

5　在饭团的一面涂上味噌酱，将涂有味噌酱的一面朝下放置，继续烧烤10秒。趁热食用。

# 胡麻味噌鸡肉烤饭团

## 制作量

　　烤芝麻散发着美好的香味，诱人食指大动。本制作使用的酱汁非常有用——您可以用它蘸蔬菜，也可以和着它炒肉末，或浇到新鲜豆腐顶上。如果把这种胡麻味噌酱汁放入冰箱，则可以保存4天之久。

### 原料

| | |
|---|---|
| 米饭 | 400克 |
| 鸡胸肉 | 1块（约200克） |
| 盐 | 1/4小匙 |
| 黑胡椒粉 | 1小撮 |
| 植物油 | 1大匙 |
| 日本酒 | 1大匙 |
| 卷心菜（切丝） | 1/8棵 |
| 烤白芝麻 | 适量 |

**胡麻味噌酱**

| | |
|---|---|
| 味噌 | 3大匙 |
| 味淋 | 3大匙 |
| 烤白芝麻（磨碎） | 2大匙 |
| 葱（切碎） | 2大匙 |

### 做法

1　首先准备胡麻味噌酱。将配制酱汁的所有原料倒入小碗中拌匀。

2　将鸡胸肉切成2厘米见方的块状，均匀涂抹上盐和黑胡椒粉。

3　在煎锅中热好植物油，放入鸡块煎烤至颜色呈棕黄，加入日本酒，合盖继续煎1分钟。

4　揭盖，往鸡肉上浇2大匙胡麻味噌酱，继续煎2分钟，起锅并放置一边冷却。

5　用保鲜膜包起手，取120克米饭，在米饭中心用手指戳一个2厘米的小孔，往里面加入卷心菜丝和2～3块鸡胸肉。

6　轻轻地挤压2～3次将米饭团成球状，确保米饭包裹住馅料。

7　撕下保鲜膜，并将饭团放入盘中冷却。

8　利用剩余食材重复上述步骤。

9　在饭团顶部浇一层剩余的胡麻味噌酱，放入烤炉或煎锅中烧烤直到两面呈棕色。

10　撒上一些烤白芝麻点缀。

## 制作量

听起来可能会很奇怪，每当我看到与西餐相关的电视节目和食谱中出现使用香菇的料理时，心情就会莫名地激动。香菇拥有独特的口感和香味，我喜欢在炖汤的时候加上一些。香菇可以很好地搭配多种调味料和食材，更重要的是，它很有营养。

### 原料

| 米饭 | 480克 |
|------|-------|
| 新鲜香菇 | 8个 |
| 白萝卜叶 | 若干 |
| 日本酱油 | 2大匙+适量 |
| 烤白芝麻 | 2大匙+适量 |
| 盐 | 1/2小匙 |

### 做法

1 用一块湿布将新鲜香菇擦干并去茎，在菌伞上切一个"×"并放置一边。

2 将白萝卜叶用水焯一下，控干，切碎。

3 将米饭、白萝卜叶、日本酱油、烤白芝麻和盐放入碗中充分混合。

4 在碗里铺上一层保鲜膜，舀入60克混合米饭，用保鲜膜包住米饭并一起取出，捏成球形。

5 轻轻将米饭球的顶端和底部压平。

6 重复上述步骤做出另外7个饭团。

7 给饭团的四周密密裹上一层烤白芝麻。

8 往每个饭团顶上放一块香菇。

9 把安置香菇的一头朝下放置，放入烤炉或煎锅中烧烤3分钟。

10 翻转饭团后继续烧烤3分钟，直至颜色转为棕色。

11 为香菇刷上一层日本酱油，再次烧烤至两面棕黄。

12 再次往香菇上刷日本酱油，立即食用。

玉米奶酪烤饭团

## 制作量 🍙🍙🍙🍙

玉米是日本夏日海滩最受欢迎的小吃之一。它的烹调方法非常简单，将上下刷满酱油的玉米架在炭火上烧烤便行，味道非常赞！玉米颗粒甘甜，和酱油的香味相得益彰。第一次制作这种饭团是为了我那6岁的侄子，他不喜欢吃蔬菜，所以我就尝试在玉米当中混入了他最喜欢的奶酪。直到最终出炉为止我都对成品的味道忐忑不安，但最后结果还是松了一口气，侄子爱上这个饭团了！

### 原料

| 米饭 | 400克 |
| --- | --- |
| 甜玉米 | 1个 |
| 盐 | 1小撮 |
| 意大利奶酪（磨碎） | 120克 |
| 日本酱油 | 4大匙 |
| 黑胡椒粉 | 适量 |
| 黄油 | 40克 |

### 做法

1 从甜玉米棒上剥下玉米粒。

2 煮沸一壶水并放入一小撮盐，其中加入玉米粒煮4～5分钟。

3 将甜玉米、米饭、意大利奶酪、日本酱油和黑胡椒粉放入碗中并充分混合。

4 在碗里铺上一层保鲜膜。舀入100克混合米饭，用保鲜膜包住米饭并一起取出，捏成中意的形状，撕下保鲜膜。

5 利用剩余的米饭重复上述步骤。

6 将黄油放入煎锅加热熔化，放进饭团两面煎烤至呈棕色。趁热食用。

Tips

这里介绍一个我奶奶剥玉米粒的小诀窍。首先用小刀在玉米棒上割下一行玉米粒，然后用手指按住第二行往第一行方向推挤，玉米颗粒会很顺畅地从棒子上脱落。

奶酪鲣鱼片烤饭团

## 制作量

奶酪、鲣鱼片和酱油是一个美味的组合。我喜欢将这种饭团加以烧烤，这样就能同时享用到烤熟米饭的香脆和熔化奶酪的香醇。不过即便不经烧烤，它的味道也不错。

### 原料

| | |
|---|---|
| 米饭 | 480克 |
| 鲣鱼片 | 10克 |
| 意大利奶酪（磨碎） | 120克 |
| 日本酱油 | 2大匙+适量 |

### 做法

1　将米饭和鲣鱼片放入碗中充分混合。

2　加入意大利奶酪和2大匙日本酱油继续混合拌匀。

3　在碗里铺上一层保鲜膜。舀入120克混合米饭，用保鲜膜包住米饭并一起取出，捏成中意的形状，撕下保鲜膜。

4　利用剩余的米饭重复上述步骤，将饭团放到盘子中冷却。

5　为饭团周身刷上一层日本酱油，放入烤箱或煎锅中烧烤至两面呈棕色。

6　再为饭团两面刷一次日本酱油，并两面烧烤10秒。

御好烧饭团

## 制作量

御好烧是关西地区最负盛名的小吃之一。我的祖籍就在关西,家中许多成员都把它视为最爱。周末,我们经常会在家做御好烧。通常来说,制作需要大量的面粉和卷心菜,但这里我会向您介绍一种御好烧饭团,它准备轻松,制作简单,方便在家制作。并且在浇上大量的御好烧酱,撒上鲣鱼片后,它和真正的御好烧的味道简直像极了!

### 原料

| | | | |
|---|---|---|---|
| 米饭 | 480克 | 御好烧酱 | 适量 |
| 绿海苔粉(青海苔) | 4小匙 | 蛋黄酱 | 适量 |
| 正樱虾干(樱海老) | 2小匙 | 鲣鱼片 | 10克 |
| 炸猪排酱 | 适量 | 腌生姜(选用) | 适量 |

### 做法

1 在碗中放入米饭、绿海苔粉、正樱虾干并充分混合。

2 在碗里铺上一层保鲜膜。舀入120克混合米饭,用保鲜膜包住米饭并一起取出,轻轻挤压成球状,两端压平,形成饼状,撕下保鲜膜。

3 给煎锅预热,放入米饼两面烧烤至呈棕色,起锅并将米饼移至盘中。

4 在米饼上浇上御好烧酱和炸猪排酱。

5 在顶端浇上少许蛋黄酱,点上一小撮鲣鱼片和$1/2$大匙腌生姜,尽快食用。

Tips

这是一种可以自由调整的饭团。如果您想将它放到午餐盒里,可以把米饼做得小些,并将御好烧酱和炸猪排酱、蛋黄酱、鲣鱼片、腌生姜夹在两块米饼当中,再在外面包上一层保鲜膜。

# 暖人心的敬语

在日本的餐桌习俗里，动筷前要问候一声：Itadakimasu，吃完之后还要打一声招呼：Gochisousama。

每当我想到这些词的意思时就会感到温暖而又困惑。Itadakimasu的字面意思是"被给予"，它属于一种叫作谦让语的特殊敬语。谦让语通常在晚辈对长辈、下级对上级说话的场合使用。Itadakimasu的语源来自面对长辈上级的食品赠予或从供应食品方得到食品时所做出的恭敬接受的动作。它还有另外一种衍生的意义，用来表达接受馈赠一方对提供食品的人或自然的感谢。从某种意义上来说它表达的是对大自然中的动物和植物，以及辛勤劳作准备食物的人的感恩之情。

而Gochisousama则很微妙。因为它直译的意思是"真是让人惊叹的美食"。然而它的实际含义会更加复杂一些。如果您把这个词分解开来看，Gochisou中的chi和sou在日语中是"跑"的意思。在古时候，人们为了给尊贵的客人准备酒菜，通常要四处奔波，甚至冒着生命危险。这句问候就是献给那些不辞辛劳准备料理的人们的。和Itadakimasu一样，Gochisousama表达的也是对料理制作者的感恩之情。

　　必须承认，直到16岁为止，我还以为这些问候语只是对我母亲以及其他为我做饭的人说的。直到作为交换留学生第一次前往美国，受到了寄宿人家的询问却无力回答，回到日本后我特意查了意思，才发现这些词的含义如此之深。我写信为寄宿的人家重新解释了这两句问候语。从那以后，Itadakimasu和Gochisousama在我心目中的位置就变得不再一样了。

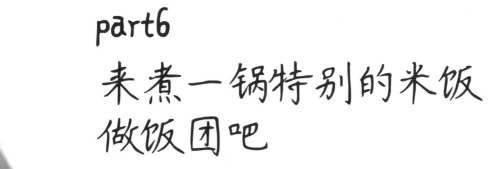

part6
来煮一锅特别的米饭
做饭团吧

盐海带炒饭团

**制作量**

还在读小学的时候，每到周六，母亲就会为我做这种饭团（那个时候周六也必须上半天学）。现在只要闻到油炸酱油的味道，我就会想起这个饭团。海带味道很鲜，即使没有其他食材配合，也能给饭团带来有层次的口感。如果您喜欢辛辣的味道，也可以在炒完米饭后撒进一点热胡椒和七香料（七味唐辛子）。

**原料**

| 米饭 | 480克 | **鸡蛋饼** | |
| --- | --- | --- | --- |
| 植物油 | 适量 | 鸡蛋 | 4个 |
| 调味海带（盐昆布） | 适量 | 牛奶 | 4大匙 |
| 白胡椒粉 | 适量 | 土豆淀粉 | 4小匙 |
| 日本酱油 | 3大匙 | | |
| 腌生姜（切碎） | 2小匙 | | |
| 三叶草 | 适量 | | |

**做法**

1 先来煎鸡蛋饼。将鸡蛋、牛奶和土豆淀粉混入小碗并拌匀。

2 在煎锅里热好植物油，倒进鸡蛋糊并摊成1个直径15厘米的薄饼。

3 利用剩余的鸡蛋糊再做3个鸡蛋饼。

4 将鸡蛋饼切成8块15厘米×2.5厘米的条块状。

5 准备一个干净的煎锅，热好植物油并加入米饭、调味海带和白胡椒粉，混合均匀。

6 熄火，顺着锅沿倒入日本酱油，均匀地搅拌进米饭，将米饭舀入盘中。

7 做饭团，在碗里铺一层保鲜膜，在上面放一些腌生姜和$1/8$的米饭混合物。

8 用保鲜膜包住米饭并一起取出，轻轻挤压成圆柱形。

9 撕掉保鲜膜并将饭团用鸡蛋饼包起。

10 取一片焯过的三叶草绕饭团一圈以点缀。

11 利用剩余食材重复上述步骤。

如果时间紧，可以把鸡蛋糊翻炒成炒蛋，然后和着米饭、海带和其他调味品一起捏制饭团。

制作量

干咖喱饭很适合捏饭团，因为它不含有任何水分。如果您要做这个饭团，那么在炒咖喱饭时，就会闻到那让人无法抵挡的香味！

**原料**

| | | | |
|---|---|---|---|
| 米饭 | 480克 | 牛肉末 | 100克 |
| 黄油 | ½大匙 | 猪肉末 | 100克 |
| 洋葱（去皮并切丁） | ½个 | 日本咖喱粉 | 1大匙+适量 |
| 青椒（切丁） | 1个 | 糖 | ½大匙 |
| 胡萝卜（切丁） | 30克 | 日本酱油 | 1大匙 |

**做法**

1 在煎锅中放入黄油，开中火将洋葱炒至半透明。

2 加入青椒和胡萝卜，并继续炒1～2分钟。

3 开大火，放入牛肉末和猪肉末，继续炒至肉色改变。

4 加入日本咖喱粉并搅拌均匀，加入日本酱油、糖，煮至水分蒸发完毕。

5 加入米饭并搅拌均匀，起锅。

6 在碗里铺一层保鲜膜，舀入 $\frac{1}{8}$ 的米饭混合物。用保鲜膜包住米饭并一起取出，挤压成中意的形状。

7 利用剩余食材重复上述步骤。

Tips

当向米饭中掺入其他食材时，搅拌混合要尽量迅速，否则米饭干燥之后会难以捏合成饭团。

制作量

五目饭由米饭和蔬菜、肉类、海鲜混合炊制而成。在日本的习俗里，煮五目饭一般会使用时鲜作原料，所以吃五目饭也变成了一个品尝时鲜的最好方法。不过这次介绍的制作方法会稍稍有别于寻常，我在当中加入了鱼露，这是一种多用于东南亚料理的调味料。期待能够通过它给您的味蕾送进一股新鲜的亚洲风。

原料

| 大米 | 400毫升 |
|---|---|
| 水 | 400毫升 |
| 虾干 | 5克 |
| 茉莉花茶茶包 | 2包 |
| 鱼露 | 2大匙 |
| 香菜叶（切碎） | 1大匙 |
| 细香葱（切碎） | 1大匙 |

做法

1　将大米、水、虾干、茉莉花茶茶包和鱼露放进电饭煲，遵从电饭煲的操作指示煮饭。

2　煮完后，取出茶包并将米饭搅拌松软。

3　将米饭舀入碗里，加进香菜叶和细香葱，充分混合。

4　在碗里铺一层保鲜膜，舀入60克米饭混合物。用保鲜膜包住米饭并一起取出，挤压成球状。

5　利用剩余食材重复上述步骤。

加药五目饭团

# 制作量

内容

加药五目饭是一种在日本关西地区人气很高的米饭料理。加药原本是日本对中药药材的总称,但经过演化之后,这个词现在指的是在米饭和面条中使用的提味调料。让我们尝试使用各种各样的时鲜蔬菜,创造出不拘一格的加药五目饭吧。

## 原料

| | | | |
|---|---|---|---|
| 大米 | 400毫升 | 魔芋冻(蒟蒻) | 100克 |
| 日本酱油 | 3大匙 | 香菇干(在300毫升水中浸泡30分钟) | 3个 |
| 味淋 | 1大匙 | 水 | 适量 |
| 盐 | 1/3小匙 | 牛蒡(切碎,在水中浸泡10分钟并沥水) | 80克 |
| 鸡大腿肉(切碎) | 1块(约100克) | 胡萝卜(切碎) | 80克 |
| 油炸豆腐 | 1块(约60克) | | |

## 做法

1 将日本酱油、味淋和盐放入小碗中拌匀。

2 加入鸡大腿肉并充分混合,放置一边腌制15分钟。

3 往油炸豆腐上浇热水,冲洗掉多余的油分。

4 用厨房纸包住豆腐挤压,沥去水分,切成1厘米见方的小块。

5 往魔芋冻上浇上热水清洗以去除杂质。

6 将魔芋冻切成1厘米见方的小块。

7 烧沸一壶水,将魔芋冻放入沸水中焯2~3分钟。沥水并放置一边。

8 将香菇沥水并切碎,泡香菇的水不要倒掉。

9 将大米放入电饭煲,其上放入油炸豆腐、魔芋冻、牛蒡、胡萝卜、香菇和鸡大腿肉。

10 将泡香菇的水补充至400毫升后,倒入电饭煲,遵从电饭煲说明书煮饭。

11 煮好之后搅拌,使食材和米饭混合充分。

12 在碗里铺一层保鲜膜,舀入120克米饭混合物。

13 用保鲜膜包住米饭并一起取出,挤压成中意的形状。

14 利用剩余食材重复上述步骤。

## 制作量 🍙🍙🍙🍙

> 　　因为我特别喜欢生姜搭配油炸豆腐的味道，所以每当在市场里看到新鲜柔嫩的生姜，就会忍不住买一些回来做这个饭团。如果您有兴趣，还可以往里面加鳗鱼肉（烤海鳗）——生姜配上鳗鱼肉的味道也非常棒。当你觉得自己精力不够或需要抵抗寒冷时，这个饭团绝对会成为你完美的选择，因为食用生姜可以帮助人体增强抵抗力。

## 原料

| | | | |
|---|---|---|---|
| 大米 | 400毫升 | 味淋 | 1大匙 |
| 油炸豆腐 | 1块（约60克） | 日本酒 | 1大匙 |
| 海带（在200毫升水中浸泡2小时） | 1片 | 盐 | 1小撮 |
| 生姜（去皮切碎） | 60克 | 水 | 200毫升+适量 |
| 日本酱油 | 3大匙 | | |

## 做法

1　往油炸豆腐上浇上热水，冲洗掉多余的油分。

2　用厨房纸包住豆腐挤压，沥去水分，切成小块。

3　从水里取出海带，水不要倒掉。

4　在电饭煲中放入大米、油炸豆腐、生姜、日本酱油、味淋、日本酒和盐。

5　将泡海带的水补充至400毫升后，倒入电饭煲，遵从电饭煲的说明书煮饭。

6　在碗里铺一层保鲜膜，舀入120克混合米饭。

7　用保鲜膜包住米饭并一起取出，挤压成中意的形状。

8　利用剩余食材重复上述步骤。

Tips

　　泡好的海带没有必要扔掉，妥善利用它可以制作成各种下饭菜。前面已经介绍过盐海带炒饭团（见114页），如果要自制调味海带（盐海带），可以将100克海带切碎，放入盛有700毫升水的壶中，加入3大匙日本酱油、1大匙味淋、2大匙砂糖和2小匙米醋。用小火煮炖至水分蒸发 $3/4$ 左右，用木勺搅拌之后继续煮至完全烧干。再加入3大匙鲣鱼片拌匀即可。将海带装入真空袋放进冰箱中，可以保存2周左右时间。

栗子五目饭团

**制作量**

可以有栗子吃！这是秋天最让人兴奋的事情之一。新鲜栗子烹调起来要花些时间，但味道就是这么好。对于我来说，栗子就意味着秋天那飒爽的空气和澄净的蓝天。大多数超市都会全年出售冷冻栗子，料理起来也很省心。接下来我要介绍一种非常简单的栗子饭做法，如果您想往其中加入更多的食材，如鸡肉、牛蒡、胡萝卜和油炸豆腐，都会是很棒的选择。

**原料**

| | |
|---|---|
| 大米 | 400毫升 |
| 栗子 | 15～20个 |
| 水 | 400毫升 |
| 日本淡酱油 | 2大匙 |
| 味淋 | 2大匙 |

**做法**

1 在栗子上切一个小口。

2 烧沸一锅水，熄火并往锅中放入栗子，等待大约1小时，沸水完全冷却后，将栗子取出。

3 将栗子去壳并切成两半，再在水中浸泡20分钟。

4 将大米、水、日本淡酱油、味淋和栗子放入电饭煲中，遵照电饭煲说明煮饭。

5 米饭煮好后，轻轻搅拌一下。

6 在碗里铺一层保鲜膜，舀入120克米饭。用保鲜膜包住米饭并一起取出，挤压成球状。

7 利用剩余食材重复上述步骤。

Tips

为了能够更好地保持栗子的原色，享用甘甜的口感，这次我特地使用了日本淡酱油，比起一般酱油，淡酱油所含的盐更少，所以可以更加衬托出栗子的甜味。

红薯饭团

## 制作量

在我当初就读的小学，每个班级都拥有一块自己的红薯地。在田地里的耕作和经营充满艰辛，但每个秋天的丰收以及随后烹调红薯的过程却是趣味横生的，这种饭团就是我们收获之后制作的料理之一。每当吃到这个饭团，熟悉的味道停留在舌尖，学校生活的一幕幕就会在记忆中浮现出来。

## 原料

| | |
|---|---|
| 大米 | 400毫升 |
| 水 | 400毫升 |
| 红薯 | 160克 |
| 日本酱油 | 1大匙 |
| 日本酒 | 1大匙 |
| 盐 | 1小匙 |
| 烤黑芝麻 | 1大匙 |
| 黄油 | 10克 |

## 做法

1 将红薯洗净，去皮，切成小块，在水中浸泡20分钟。

2 将大米、沥水的红薯、日本酱油、日本酒和盐放入电饭煲，并遵循电饭煲说明书煮饭。

3 米饭煮好后，加入烤黑芝麻和黄油，混合充分。

4 在碗里铺一层保鲜膜，舀入120克米饭。用保鲜膜包住米饭并一起取出，挤压成中意的形状。

5 利用剩余食材重复上述步骤。

鸡饭饭团

## 制作量 🍙🍙🍙🍙

鸡饭是我最喜欢的新加坡本土料理之一。日本鸡饭给人的印象是加了鸡肉、蔬菜和番茄酱调味的炒饭。通过这次制作,我们要在日本饭团的外壳中,注入新加坡鸡饭原汁原味的灵魂。

## 原料

| | |
|---|---|
| 大米 | 400毫升 |
| 水 | 500毫升 |
| 鸡精 | 2小匙 |
| 葱 | 1根 |
| 鸡胸肉 | 1块(约200克) |
| 茉莉花茶 | 1包 |
| 蒜末 | 1小匙 |
| 姜末 | 2小匙 |
| 盐 | ½小匙 |
| 香菜 | 适量 |

## 做法

1  煮一锅沸水后加入鸡精和葱,再加入鸡胸肉煮至肉色改变。

2  熄火并移至一边冷却,保留400毫升鸡汤。

3  将大米、鸡胸肉、鸡汤、茶包、蒜末、姜末和盐放入电饭煲,遵从电饭煲说明书煮饭。

4  米饭煮好后,取出茶包和鸡胸肉。

5  将鸡胸肉切成一口大小的鸡块并放回电饭煲,轻柔地搅拌米饭。

6  用保鲜膜包裹住手,往手中舀入120克米饭,轻轻挤压1~2次形成中意的形状。

7  撕掉保鲜膜并点缀上香菜。

8  利用剩余食材重复上述步骤。

糙米红豆饭团

## 制作量

糖米也就是尚未抛光的米，它拥有丰富的铁、镁、维生素、蛋白质和纤维质。由于麸皮尚未去除，炊煮之前需要将它浸泡在水中数小时使其软化。我喜欢糙米带有的土香，但也有一部分人不喜欢它的口感。为了让那些不喜欢糙米的人也能满意，我特地在饭团中加入了红豆。红豆也是一种富含营养的食材。研究显示食用红豆可以帮助降低胆固醇。糙米的煮法和普通米几乎没有什么不同。如果您手上有高压锅也可以试试看，煮出来的米饭会更有黏性、更柔软。我使用的是普通电饭煲。

## 原料

| | | | |
|---|---|---|---|
| 糙米 | 400毫升 | 海带（5厘米×5厘米） | 1片 |
| 水 | 680毫升 | 烤黑芝麻 | 2大匙 |
| 红豆 | 50克 | 盐 | 1$\frac{1}{2}$小匙 |
| 日本酒 | 1大匙 | | |

## 做法

1 提前一天做准备。将糙米浸泡在水中，搅拌使混合均匀，倒掉水。

2 在不加水的情况下，用手有韵律地搅拌糙米5次，之后加水再淘洗两次。

3 将糙米放入电饭煲之前，先用量杯测量米饭的用量，在此基础上往电饭煲内加入相当于米饭1.7倍体积的水。如果米是400毫升，那水量应该是680毫升。

4 让米饭在电饭煲内浸泡一晚。

5 在煮饭的当天，在电饭煲内加入清洗好的红豆、日本酒和海带，并遵从电饭煲说明书煮饭。

6 米饭煮好后，取出海带，轻柔地搅拌米饭后，放置一边。

7 如果需要，将烤黑芝麻和$\frac{1}{2}$小匙盐放入小碗中拌匀，并放置一边。

8 舀120克米饭到碗里，打湿手并在手掌至指尖处均匀撒上一层盐。把米饭放在手上，轻轻挤压2~3次，形成中意的形状。

9 如果需要，可以在米饭上撒上烤黑芝麻和盐的混合物。

10 利用剩下的食材继续做饭团。

# 如何保存大米和米饭

　　大米对空气中的温度和湿度都很敏感。总地来说，大米应该被储存在阴凉密封的环境当中。

　　如果您手上有已抛光的大米，那么最好在两周内使用。糙米则可以保存长达一年的时间。大米最好放到冰箱中保存。如果您不想让冰箱内宝贵的空间被占据，可以把米存放在阴凉的地方，并往储米的容器中放上一个红辣椒，以防滋生米虫。

　　我听说过一些保存剩饭的小技巧，以自己的经验来说，最好的办法莫过于冷冻起来。关键的一步是将米饭用保鲜膜包裹后放到冰箱里。包裹可以保护米饭中的水分不致损失。而使用的保鲜膜一定要耐热，这样当您要重新加热米饭时，只要连同保鲜膜整个放到微波炉中加热一下就行。如果您打算在两周内食用米饭，存放于冰箱中没有问题。加热的时候撒上一把盐和少量水即可让米饭恢复新鲜。此外，您还可以蒸热米饭，但记住蒸前一定要先撕掉保鲜膜。

　　最新型的电饭煲通常会附带精巧的保存功能，其中一些可以让米饭保存整整两天，而不用担心失水干燥和变味。在过去，日本人使用一种柏树皮做成的叫作"御柜"的木制容器。在传统做法里，米饭煮好之后就被转移到御柜里，合盖存放直至被取出食用。御柜的主要作用就是去除多余的水汽，使米饭保持新鲜。即使在夏天，御柜也能让米饭在相当长的一段时间内保持不变质。在日本，每个辛劳持家的母亲身边都会有这么一个御柜。

# 制作饭团常用的食材

## 1. 牛蒡（gobou）

　　这种根茎类食用植物能长到1米高。是一种低热量、高营养的食品。在日本，人们一般只食用根茎部分，但牛蒡叶也可以用来调制蔬菜沙拉。一般认为食用牛蒡有助于降低血压和胆固醇。新鲜牛蒡的生长季节一般在四月至五月和十一月至翌年二月之间。当选择牛蒡时，要挑选那些带土的植株，因为泥土有助于保持根茎中的芳香。最好的食用牛蒡是茎干笔挺、表皮光滑的植株，那些表皮破裂的牛蒡则可以舍弃。保存牛蒡时，可以将其包裹在报纸中，储存在干燥阴凉的地方。

## 2. 魔芋冻（konnyaku）

　　这种果冻由魔芋做成。魔芋也被称作蒟蒻，是一种芋奶类食品。它的成长周期为三年，成熟个体的最佳大小为直径30厘米。魔芋食用前必须经过一定的加工，不能生吃。通常它的外表呈灰色，但白色和红色的个体偶尔也能见到。您会看到魔芋粉被加工成面条（粉丝）的形状，这在日本被称为白滝。除非在包装上有明确说明，大多数魔芋冻在食用之前需要先在沸水里焯一下。这种食材几乎不含热量，但富含纤维质。

## 3. 辣椒（togarashi）

世界上的辣椒品种很多，但在日本，最有名的是一种被称作鹰之爪（eagle's talons）的辣椒。这种辣椒约有3厘米长，一般都是晒干了之后出售。它的味道非常辣，但辣中又有一丝甜味。此外，辣椒还能磨碎成粉末出售，辣椒粉在日本被称作一味唐辛子。

## 4. 青椒（piman）

Piman源自法语piment，也就是椒的意思。这种青椒口感有些苦中带甜，富含维生素。在购买时，要挑选那些颜色鲜艳有光泽、表皮饱满的个体。青椒对水分非常敏感，所以保存时需要装在塑料袋中，放入冰箱冷藏。

## 5. 大葱（naga negi）

日本大葱和普通大葱有一些不同，它的叶片更薄，葱白中也没有那么坚硬的叶鞘，芯部很柔软，加热烹饪时容易熔化。在口味上，日本葱很甜。日本本土生长着很多品种的日本葱，它们的共同特点是烹调之后味道会变甜。保存时，可以把葱包在报纸里或装在塑料袋中，也可以把它们竖立在冰箱里，这样可以获得更长时间的保鲜效果。此外，您也可以把葱切片放进冷柜储存。

## 6. 红豆（adzuki）

红豆富含蛋白质、纤维质和矿物质。食用它有助于控制高血压、胆固醇，预防水肿。要想享用到红豆带来的诸多好处，最好的办法就是将它加到美味的料理中。

## 8. 海带（kombu）

海带在日语里又叫"昆布"，是一种低热量、高矿物质的食材。据说它所含的矿物质、钙质和铁质分别是牛奶的25倍、7倍和35倍以上。因为海带表面的白色粉末是它美味的源泉所在，所以烹调海带前仅需拿一块湿布轻轻擦拭表面即可。保存时，请将海带切成小块放入密封容器中。海带主要有以下几个品种。

真昆布——最高品质的海带之一。这种质地厚实的海带口感甜美，外观清爽，特别适合煲高汤。

利尻昆布——也是适合做日式高汤的海带，它的口味略咸，外观也透明清爽。

日高昆布——这种墨绿的海带易于烹调，适于用作高汤汤料，以及作为制作其他料理的食材。

## 7. 日本米饭调味粉（furikake）

日本米饭调味粉一般由干鱼粉、鸡蛋、蔬菜和海藻调配而成。超市中出售的调味粉种类繁多，您也可以往意面和烧烤上撒一些调味粉试试。

## 9. 茗荷花蕾

茗荷花蕾原产于东亚，现在它的种植范围则遍布日本，并且也很容易居家栽培。茗荷一共有两种，一种是花蕾茗荷，另一种是幼茎茗荷。收获茗荷的最好时节是在七月至十月。茗荷花蕾呈粉红色和白色，色彩艳丽，香味浓郁，口感微苦。它可以生吃，也可以腌制或烧熟后食用。保存时用厨房纸包起，装入塑料袋后放入冰箱冷藏即可。

## 10. 腌渍鳕鱼籽（tarako）

腌渍鳕鱼籽可以生吃，也可以烧熟后食用。它富含蛋白质、维生素A和维生素B$_3$。生鳕鱼籽味道微咸，口感纤细，类似鱼籽酱。一旦烧熟之后，它又会呈现出烟熏味，味道变甜。生鳕鱼籽通常配合饭团、意面、土豆沙拉和蘸酱食用，它可以放进冷柜保存90天之久，放进冷藏室也能保质6天。如果要解冻，可以先从冷柜里取出后，移入冷藏室放置6小时以化冻。

## 11. 海藻（鹿尾菜hijiki、若布wakame和海苔nori）

干海藻可以很容易在大超市购买到。您也可以选择在当季购买新鲜的海藻。一般来说，海藻富含纤维质和矿物质。

鹿尾菜（左图）颜色呈墨绿或黑色，一般干制后出售。烹调前须先在水中浸泡30分钟，漂洗干净。鹿尾菜通常和蔬菜类、酱豆类食材一起搭配烹调。

若布（中图）是一种绿色的藻类，它的干制品也很容易在市面上购得。一些种类的若布无需事先在水中浸泡漂洗，所以您可以直接将它们撒到汤中食用。您也可以在收获的季节购得腌渍生若布，它可以和生鱼片及沙拉配合食用。

海苔（右图）是一种墨绿色的海藻。它被加工成各种不同的形态出售，味道也不尽相同。制作海苔片的工艺类似于制纸，直到今天还是有一些公司采用传统工艺制作海苔片，它们把海苔片放到阳光下暴晒，干燥。海苔片可以配合寿司和汤类食用，也可以用来点缀米饭和面条。

## 12. 紫苏叶（ohba）

在日本，紫苏叶分为两种，绿紫苏（大叶、青叶、青紫苏）和红紫苏（赤紫苏）。紫苏是薄荷属，它拥有像罗勒一样的香味和味道，并富含维生素和矿物质。紫苏叶常常用来点缀生鱼片，因为一般它被认为拥有杀菌功效，可以帮助延长食物的保存时间。红紫苏可以用来为酸梅干染色。紫苏植株上生长的花蕾同样可以用来点缀餐桌。紫苏叶一般生长在夏季，但超市货柜上却常年有售。保存紫苏叶最好的办法是将其用厨房纸捆包好后放入冰箱冷藏。

## 13. 味噌（miso）

味噌由发酵的大豆、麦子或米饭混合盐和麹（一种用来制酒的真菌）制成，富含蛋白质和钙质。在日本，不同地域盛产和消费不同种类的味噌。您还可以购置套件在家中制作味噌。味噌最好的存放方法是放入冰柜，因为它不会冻结。当然，简单地放入冰箱冷藏也可以。

## 14. 黄豆粉（kinako）

黄豆粉由去皮、磨碎之后的烤黄豆制成。它带有一股自然的烧烤风味。黄豆粉的颜色取决于制作时使用黄豆的种类。黄色的黄豆粉由普通黄豆磨碎而成，绿色黄豆粉和黑色黄豆粉的原料则分别为绿黄豆和黑黄豆。黄豆粉富含植物纤维和矿物质。在日本经常把黄豆粉混入牛奶，制成健康饮品后饮用。它还经常被添加在糖果中，发展到现在甚至已经出现了黄豆粉冰淇淋和黄豆粉黄油。

## 15. 山葵（wasabi）

　　山葵也被称为日式芥末，是一种源于日本的调味料。山葵沿着山边小溪生长，由于生长环境对水质有着极高的要求，它被认为是最难以人工栽培的作物之一。大多数以粉末状或蘸酱形式出售的山葵中都混入了辣根酱。磨碎的山葵根可以点缀餐桌，也可以当作一种调味料。它的茎叶可以腌制，也可以裹面糊之后油炸食用。山葵根闻起来有一股浓重的酸味，但嚼起来却很甜。因为山葵和酱油混合之后会损失一定的辛辣度和香气，所以我不推荐吃寿司和生鱼片时把酱油倒到山葵上搅拌混合的做法。要享受它的味道，最好的做法是在寿司和生鱼片上涂抹上山葵，然后再蘸上酱油食用。上等的山葵根呈浅绿色，放到手上也很有分量。要存放新鲜的山葵根，先在凉水中冲洗干净，再用打湿的厨房纸包起并覆盖上一层保鲜膜。这样放进冰箱就可以存放两周。

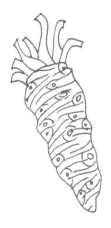

## 16. 白萝卜（daikon）叶

　　白萝卜叶也可以食用，不过大多数超市为了延长萝卜的上架时间都会选择将它们舍弃。萝卜叶富含营养，经过适当烹调也能像其他蔬菜一样食用。它还可以晒干之后磨碎，做成调味粉下饭。

## 17. 白萝卜芽（kaiware daikon）

　　白萝卜芽口感辛辣，这让它适于和肉类的料理搭配食用。它们富含维生素和矿物质。这些萝卜芽通常连根装在塑料容器中出售。使用之前先用沸水彻底清洗一遍，并除去根部。保存时则须保持根部完整，放入冰箱冷藏。

后记

当Marshall Cavendish International亚洲部的Lydia找我写一本饭团类的食谱时，我非常吃惊。尽管我们经常谈论关于烘焙和烹饪的心得，但从来没有想过自己能成为一本烹饪书的作者。我感到如果要普及饭团和简易日本家常菜的知识，这会是一个非常好的机会。顺便要说的是，我姓稻田名早苗，名字取自稻米的秧苗，这更让我觉得自己有义务去做好这件事情。

小时候我不喜欢干吃白米饭，总要在米饭上加些什么或掺入什么食材后才能下咽。当进了小学之后，午餐便成了我最不喜欢的事物。每天都由学校为我们指定午餐，而一周有三天都是吃米饭。老师要求我们不吃完饭就不许离开餐桌，于是有米饭的那几天我总是会最后一个离开餐桌。当我向母亲诉苦一点都不喜欢学校的午餐时，她推荐我试试饭团。于是我自带保鲜膜去学校，用配菜作馅料，自己动手捏饭团。从那之后，学校的午餐时间就变得愉快而充满想象力了。事实上，自那以后，周围的同学也开始跟我学着做饭团，并试验着放进各种馅料。

奶奶经常对我说，不要在饭碗里剩下一粒米，哪怕浪费一粒米，眼睛也会瞎掉。她经常使用剩饭做饭团。如果发现几粒米饭剩下，奶奶就会往我的碗里倒入绿茶，以确保我在喝茶的时候也一同吞掉剩饭。年幼的我真的相信过奶奶的话，不过等到我了解了大米如何栽培，准备一餐饭是如何不容易后，便开始明白奶奶斥责我的苦心。说起来可能有些可笑，我现在还是竭力不让自己剩下一粒米，并谆谆教导丈夫也学着我这么做。

我希望这本书能够启发您尝试着去制作日本饭团。制作饭团，对米饭的大小、形状和馅料的种类、数量没有任何强制要求，您所需要的只是可口的米饭、盐以及大胆的创意。

# 鸣　谢

这里想要对在本书出版过程中给予过帮助的以下各位致以谢意：

Marshall Cavendish International亚洲部团队的各位，特别要感谢Jolene Limuco 和 Adithi Khandad，感谢你们的耐心、可爱的装帧设计以及在拍摄过程中享用饭团时流露出的温暖的微笑。

Joshua Tan，感谢你拍摄的漂亮的照片。我的饭团们都为有这样一位摄影师感到无比开心。

还要由衷地感谢我的母亲Kaoru和父亲Mitsuo Inada，以及婆婆Anne和公公Malcolm Wallwork，感谢你们对本书表现出的期待和兴奋。

最后还要特别感谢Nick对我的支持和鼓励，你是世界上最好的丈夫。

# 计量换算说明

本书中的食材用量以公制来表示，为了方便大家，现用英制和美制单位列出来，供您参考。

标准勺和杯的换算标准如下：1小匙＝5毫升，1大匙＝15毫升，1杯＝250毫升。在没有特别说明的情况下，所有度量标准可以互相换算。

## 液体 & 体积度量

| 公制 | 英制 | 美制 |
|---|---|---|
| 5毫升 | 1/6液量盎司 | 1小匙 |
| 10毫升 | 1/3液量盎司 | 1中匙 |
| 15毫升 | 1/2液量盎司 | 1大匙 |
| 60毫升 | 2液量盎司 | 1/4杯（4大匙） |
| 85毫升 | 2 1/2液量盎司 | 1/3杯 |
| 90毫升 | 3液量盎司 | 3/8杯（6大匙） |
| 125毫升 | 4液量盎司 | 1/2杯 |
| 180毫升 | 6液量盎司 | 3/4杯 |
| 250毫升 | 8液量盎司 | 1杯 |
| 300毫升 | 10液量盎司 | 1 1/4杯 |
| 375毫升 | 12液量盎司 | 1 1/2杯 |
| 435毫升 | 14液量盎司 | 1 3/4杯 |
| 500毫升 | 16液量盎司 | 2杯 |
| 625毫升 | 20液量盎司（1品脱） | 2 1/2杯 |
| 750毫升 | 24液量盎司（1 1/5品脱） | 3杯 |
| 1公升 | 32液量盎司（1 3/5品脱） | 4杯 |
| 1 1/4公升 | 40液量盎司（2品脱） | 5杯 |
| 1 1/2公升 | 48液量盎司（2 2/8品脱） | 6杯 |
| 2 1/2公升 | 60液量盎司（4品脱） | 10杯 |

## 固体 & 体积度量

| 公制 | 英制 |
|---|---|
| 30克 | 1盎司 |
| 45克 | 1 1/2盎司 |
| 55克 | 2盎司 |
| 70克 | 2 1/2盎司 |
| 85克 | 3盎司 |
| 100克 | 3 1/2盎司 |
| 110克 | 4盎司 |
| 125克 | 4 1/2盎司 |
| 140克 | 5盎司 |
| 280克 | 10盎司 |
| 450克 | 16盎司（1磅） |
| 500克 | 1磅，1/2盎司 |
| 700克 | 1 1/2磅 |
| 800克 | 1 1/2磅 |
| 1公斤 | 2磅3盎司 |
| 1 1/2公斤 | 3磅，4 1/2盎司 |
| 2公斤 | 4磅，6盎司 |

## 烤炉温度

| | ℃ | F | 炉温刻度 |
|---|---|---|---|
| 非常低 | 120 | 250 | 1 |
| 低 | 150 | 300 | 2 |
| 较低 | 160 | 325 | 3 |
| 适中 | 180 | 350 | 4 |
| 中高温 | 190/200 | 370/400 | 5/6 |
| 高温 | 210/220 | 410/440 | 6/7 |
| 极高温 | 230 | 450 | 8 |
| 超高温 | 250/290 | 475/550 | 9/10 |

## 长度

| 公制 | 英制 |
|---|---|
| 0.5厘米 | 1/4英寸 |
| 1厘米 | 1/2英寸 |
| 1.5厘米 | 3/4英寸 |
| 2.5厘米 | 1英寸 |